GESUND UND ÖKOLOGISCH BAUEN

Beate Rühl

GESUND
UND ÖKOLOGISCH
BAUEN

Baubiologische Aspekte bei Neubau und Sanierung

Die heutige Baukultur
BEISPIELHAFTE BAUBIOLOGISCHE UND ÖKOLOGISCHE WOHNPROJEKTE

8 Wohnen mit und in der Natur
Neubau in der Naturlandschaft des Taunus

12 Ökologische Villa mit Aussicht
Haus am Fuchspfad in Arnsberg

16 Verbindung von Design und Ökologie
Variables Raumerlebnis im Haus Schauer

20 Flexibel Wohnen und Arbeiten
Ökologisches Wohnprojekt in Bad Nauheim

Zeitgemäße Renovierung
BEISPIELHAFTE OBJEKTSANIERUNG MIT AN- UND UMBAUTEN

40 Westend Grün
Lehmhaus mit Schilfrohrdämmung im Berliner Westend

44 Alter Hof in neuem Gewand
Um- und Ausbau des Moarhof in Holzhausen

48 Metamorphose einer Scheune
Umbau zum Wohnhaus mit Atelier in Ober-Rosbach

Das gesunde Raumklima
FAKTOREN, DIE DAS WOHLBEFINDEN IN WOHNRÄUMEN BEEINFLUSSEN

70 Wärmedämmung und Schimmelpilzproblematik

71 Haben wir zu dicht eingepackte Häuser?
72 Experten raten: lüften, lüften, lüften...
74 Schimmelpilze und Wohngifte
78 Schimmelsuche mit dem Spürhund

80 Die Einflüsse von Heizsystemen auf Gesundheit und Wohlbefinden

81 Heizen und Gesundheit
84 Gesunde Strahlungswärme mit Wandheizungen
85 Wandheizungssysteme in der Altbausanierung
86 Nie mehr trockene, staubige Heizungsluft!
87 Pelletöfen für eine erdölunabhängige Zukunft

88 Zeitgemäße baubiologische Techniken zur Wandgestaltung

89 Wandgestaltung mit Lehm
90 Vorteile von Sumpfkalkputzen
96 Tadelakt statt Fliesen

24 Lichtdurchfluteter Kubus
Neubau im Zentrum
von Frankfurt am Main

26 Wohnen am Rande
der Stadt
Neubau am Fuß des Bergen-
Enkheimer Hangs

28 Nachhaltiges Bauen
mit Lehm und Holz
Bestes Raumklima durch
Stampflehmwände

34 Haus der Nachhaltigkeit
Ausstellungs- und Seminargebäude im Biosphärenreservat

52 Erweiterung einer
Feldsteinscheune
Wohnhaus in der Märkischen
Schweiz

56 Dialog zwischen
alt und neu
Umbau und Sanierung
einer Wiesbadener Villa

60 Großzügig wohnen
auf dem Pferdehof
Anbau an ein Wohnhaus
in Grünberg-Weitershain

64 Den Himmel gespiegelt
Aufstockung eines Bungalows

98 Wohngifte – Ursachen,
Wirkung und Gegenmaßnahmen

99 Wohngifte in modernen
Häusern
100 Die am häufigsten in
der Raumluft vorkommenden
Schadstoffe
102 Schadstoffproblematik
in Neu- und Altbauten
106 Das Reich des Kindes
107 Gegen dicke Luft
in Klassenzimmern
108 Gesundes Bauen heute

110 Elektrosmog und
Mobilfunk – Anmerkungen zu
einer kontroversen Diskussion

111 Unsichtbar und
doch vorhanden
113 Was ist eigentlich
Elektrosmog?
114 Mobilfunk, WLAN,
Mikrowellen

116 Geomantie, Vastu
und Feng Shui

117 Spiritus loci – der Geist
des Ortes
119 Vastu oder Vasati
120 Wohlbefinden, Glück
und Erfolg mit Feng Shui
121 Die Bedeutung der Haustür
im Feng Shui
122 Europäische Sichtweisen
im Feng Shui

126 Impressum

Auf dem Weg zu einer neuen ganzheitlichen Architektur

Das 21. Jahrhundert stellt uns in der Gestaltung unserer Umwelt vor neue architektonische und technische Herausforderungen. Gesellschaftlich steht beim heutigen Bauen das Prinzip der Nachhaltigkeit im Vordergrund. Wir dürfen aber nicht vergessen, dass wir nicht allein für die Umwelt, sondern auch und vor allem für die Menschen bauen, die in den neuen hochgedämmten energiesparenden Häusern leben. Beim ökologischen Bauen dürfen deshalb gesundheitliche baubiologische Aspekte nicht aus den Augen verloren werden. Die Baubiologie steht für eine ganzheitliche Betrachtungsweise der Bedürfnisse des Menschen und seiner Umwelt.

Dieses Buch stellt aktuelle Projekte deutscher Architekturbüros vor, die kreative Umsetzungen der vielfältigen Wünsche einer sowohl baubiologischen als auch ökologischen Klientel realisiert haben.

Der Weg zu einer neuen Architektursprache mit diesem ökologischen und baubiologischen Anspruch kann gestalterisch und technisch in viele individuelle Richtungen führen. Die hier versammelten Beispiele aus ganz Deutschland sollen Ihnen als Kompass und als Anregung dienen, um die richtigen Entscheidungen für ein eigenes Bauprojekt zu finden.

Neben dem Entwurf und der technischen Umsetzung ist vor allem die Wahl der Baustoffe ausschlaggebend dafür, wie harmonisch und gesund Ihre „Zweite Haut", nämlich Ihr Haus, gestaltet wird. Zu diesem Thema werden ausgewählte Firmen vorgestellt, die seit Jahrzehnten im ökologischen und baubiologischen Bereich ihre Entwicklungen vorangebracht haben.

Diese Produktentwicklungen auf einem noch in den achtziger Jahren unbeachteten und vielleicht auch belächelten „Ökoweg" bieten uns heute die Möglichkeit, gesunde und ökologische Bauprodukte einzukaufen. Ein wichtiges Forum war und ist dabei nach wie vor die Zeitschrift „Ökotest". Ökotest prüft seit 25 Jahren Produkte des Baustoffmarktes auf Schadstoffe und bewertet diese in den Testergebnissen mit einer Notenskala von 1 bis 6.

Schadstoffe, Wohngifte, Schimmelpilze oder auch Elektrosmogprobleme sind keine Seltenheit in modernen Häusern. Auch in Altbauten sind sie sehr oft im Kaufpreis enthalten. Die oben aufgezählten Faktoren können zu Erkrankungen der Bewohner führen. Wer in einem schadstoffbelasteten Haus wohnt hat oft einen langen Leidensweg hinter sich bevor er herausfindet, dass es das eigene Haus ist, welches die Krankheiten verursacht. Daher ist es wichtig, sich im Vorfeld Ihres eigenen Projektes mit diesem Thema zu beschäftigen.

In zahlreichen Interviews mit Experten aus verschiedenen Bereichen des Bauwesens erhalten Sie Informationen und Anregungen zum Thema Bauen und Gesundheit. Aber auch wer bereits gesundheitliche Probleme hat und diese auf eine belastete Wohnumgebung zurückführt, erhält Informationen, an wen er sich wenden kann.

Ich wünsche Ihnen für das Wohnen in Ihrem Haus eine harmonische, liebevolle und gesunde Atmosphäre.

Beate Rühl

Die heutige Baukultur

Beispielhafte baubiologische und ökologische Wohnprojekte

Wohnen mit und in der Natur

NEUBAU IN DER NATURLANDSCHAFT DES TAUNUS

Keine Villa sondern ein gemütliches Wohnhaus in baubiologischer Bauweise mit großen Terrassen und Gauben, das war der Wunsch der Auftraggeber, als wir bei der ersten Begehung des Grundstücks auf die leere Wiese blickten. Die Bauherrschaft wünschte sich ein Haus das man erobern müsste. Nach außen zurückhaltend und im Innern mit liebevollen Details und natürlichen Baumaterialien ausgestattet.

Ausblick von der Terrasse im ersten Obergeschoss

Treppenaufgang mit Wohnräumen im 1. Obergeschoss

Die Lage ist exklusiv. Das 950 m² große Grundstück hat ein starkes Gefälle. Das Bauen in der Hanglage war eine Herausforderung aber auch ein Glücksfall. Aus allen drei Geschossen sind durch die Ausrichtung und Einbindung des Gebäudes in den Hang lichtdurchflutete Wohnebenen geworden.

Der Ausblick über die weiten Hänge der Taunusausläufer war besonders eindrucksvoll. Nichts, was den Blick aufhielt. Kein Hochhaus oder Hochregal-Lager, das den schweifenden Blick des Betrachters störte. Nur 15 m hinter dem zu bebauenden Grundstück begann das Hochwaldplateau des Berges. Natur pur und ein romantischer Ort dazu!

Die Eheleute berichteten, dass sie dieses besondere Grundstück schon lange im Auge hatten und es nun glücklicherweise erwerben konnten.

Die Entwicklung des Grundrisses fand gemeinsam mit der Bauherrschaft statt. Die Planungswünsche wurden gleich zu Anfang klar definiert und berücksichtigt. Man wollte die Mahlzeiten in einem der Küche und dem offenen Wohnbereich vorgelagerten Holzwintergarten einnehmen. Wohnen und Schlafen sollten auf der Erdgeschoss-Ebene untergebracht werden. Im Obergeschoss sollten ein Gästezimmer und ein Musikzimmer Platz finden. Das Musikzimmer besaß für den Bauherrn besondere Priorität und wurde nach akustischen Gesichtspunkten entworfen und eingerichtet.

Die Vollholz-Küche ist unter gestalterischer Mitwirkung der Bauherrschaft entstanden und wurde von einem Schreinermeister aus der Umgebung angefertigt. Der große Küchenblock in der Mitte bietet ideale Arbeitsbedingungen.

Wohnen mit der Natur | 9

Kinderzimmer mit Sonderanfertigung einer Fensterbank zum Sitzen, Spielen und Träumen

Kinder-Badezimmer mit Bullauge zum dahinterliegenden Aquarium mit Nachtbeleuchtung

Die Geschosstreppe aus Vollholz sollte integriert in den Wohnräumen liegen. Dies stellte sich nach dem Bezug des Hauses als eine ideale Lösung heraus. Die Treppe ist ein leichtes, verbindendes Element zwischen den Geschossen geworden.

Ein interessantes Detail der Entwurfsplanung war die Unterbringung von Zierfisch-Aquarien in mehreren Räumen. In speziell vorgesehenen Wandöffnungen wurden ein großes und zwei kleinere Aquarien eingesetzt, die Durchblicke von Raum zu Raum ermöglichen.

Von ökologischer Seite wurde bei dem Bauvorhaben auf eine Regenwasserzisterne, eine Erdwärmesonden-Heizung und einen Kachelofen Wert gelegt. Bei den Baumaterialien wurde auf gute baubiologische Eigenschaften geachtet. Die gemauerten porosierten Ziegelsteine haben eine klimaregulierende Wirkung auf die Raumluft. Im Sommer ist es angenehm kühl, im Winter wird die behagliche Strahlungswärme des Kachelofens gespeichert. Die Innenwände wurden mit Lehm verputzt. Holzfenster, Türen und der Holzwintergarten sind mit einem diffusionsfähigen Farbanstrich versehen.

Die Bauherrschaft schwärmt heute von ihrem Wintergarten, der die Jahreszeiten ins Haus holt. Beim Betreten des Wohnraumes fällt der Blick auf die liebevoll gestaltete Gartenanlage. Im Sommer wird der Innenraum zum Aussenraum. Alles in allem hat die Bauherrschaft ihr Ziel in der Natur zu leben mit diesem Haus auf ideale Weise realisiert.

Essbereich geht in den Wohnbereich über

FAKTEN

Einfamilienhaus im Taunus
Baujahr 2008/2009

Entwurf
Dipl. Ing. Architektin Beate Rühl
www.beate-ruehl.de

Grundstücksfläche 949 m²
Nutzfläche 155 m²
Wohnfläche 163 m²
Umbauter Raum 883 m³
Auftraggeber nicht benannt
Kosten pro m² nicht benannt

Fotos Studio Christoph
Telefon 0 60 02-9 38 14 82

BESONDERHEITEN

- 5.000 Liter Zisterne im Vorgarten für WC und Gartenbewässerung
- Holz-Wintergarten zur passiven Wärmegewinnung
- Wandflächen mit Lehmputz
- Wandflächenöffnungen für Aquarien
- Dacheindeckung Biberschwanzziegel
- Wärmedämmputz
- Porosierte Ziegelsteine gemauert, nicht geklebt
- Kachelofen als Zusatzheizung
- Wärmepumpe mit Erdwärme-Tiefensonde

Da ein hydrogeologisch und wasserwirtschaftlich günstiges Baugebiet vorlag wurde beim Bauamt ein Antrag auf Nutzung von Erdwärme mittels einer Wärmepumpe mit bis 30 kW Heizleistung gestellt.

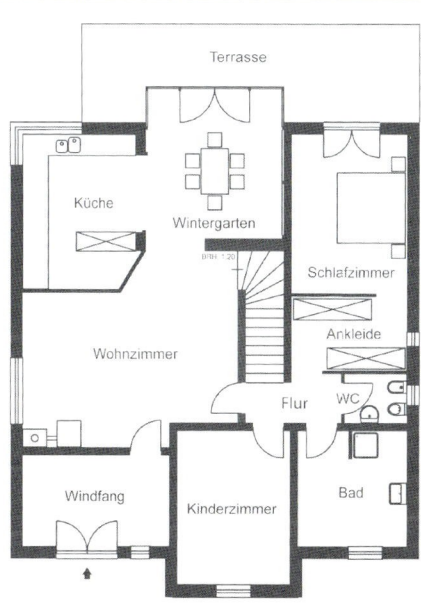

Grundriss Erdgeschoss

Ökologische Villa mit Aussicht

HAUS AM FUCHSPFAD IN ARNSBERG

Am Fuchspfad in Arnsberg entstand das Haus auf einem Grundstück mit extremer Topographie. Die Erschließung der Straße am Fuchspfad liegt rund 7,5 Meter unterhalb der Wohnebene.

Die Aufgabenstellung beschrieb die Entwicklung eines Hauses zum Wohnen und Arbeiten, dominiert von dem großartigen Blick in die Weite des Ruhrtals. Kriterien der Nachhaltigkeit sollten insbesondere im Bereich der Energieversorgung zu einer betriebskostenoptimierten Lösung führen.

Zugangssituation am Fuchspfad

Von der Straße am Fuchspfad betritt man, alternativ zu dem gärtnerisch eingebundenen Treppenaufgang, den rund 15 Meter in den Hang gebauten Erschließungstunnel an dessen Ende man den Zutritt zum Aufzug findet. Die Erschließung der Wohn- und Arbeitsebene mittels Aufzug entsprach auch dem Wunsch der Bauherrn, ein Haus mit altengerechter Erschließung zu bauen.

Auf der Wohnebene sind die Bereiche Wohnen, Essen und Kochen offen zueinander organisiert, großzügige Dreifachverglasungen verbinden Wohnraum und Landschaft des Ruhrtals. Im östlichen Bereich der Grundfläche liegen Schlafzimmer, Gästezimmer sowie die beiden jeweils zugehörigen Bäder.

Küche mit Blick in den Obstgarten

Ökologische Villa | 13

Terrasse zum Garten
mit Essbereich und Küche

Die auf einer quadratischen Grundfläche angeordnete Wohnebene scheint über dem Ruhrtal zu schweben. Eine Ebene tiefer liegt, etwas zurückgesetzt die Praxisfläche des Arztes, auch hier bestimmt der Blick in das Ruhrtal die dominanten Räume.

Das Haus ist als Ortbeton-Massivkonstruktion konzipiert, die thermischen Hüllflächen entsprechen einem hohen Wärmedämmstandard. Im Bereich der Fassaden sind 20 cm Wärmedämmung vorgesehen, das Dach wurde im Mittel mit 30 cm Dämmstoff gedämmt. Die geschlossenen Fassadenbereiche sind mit Walzblei bekleidet, neben den farblich abgestimmten Pfosten-Riegel-Fassaden bestimmt dieses die wahrnehmbare Gestalt des Hauses. Der hochwertige Wärmeschutz erreicht die weitgehende Reduktion des Heizwärmebedarfs so dass trotz der großflächigen Verglasungen der KfW 60 Standard gewährleistet ist.

Die Energieversorgung erfolgt über zwei auf 90 Meter niedergebrachte Geothermiebohrungen, mittels einer Wärmepumpe wird hiermit der Heizwärmebedarf im Winter gedeckt. Über das vorgesehene Fußbodenheizsystem besteht zusätzlich die Möglichkeit der optionalen Kühlung mittels der Geothermie im Sommer.

Im Flachdachbereich ist die Ausführung einer Photovoltaikanlage konzipiert wodurch der jährliche Primärenergiebedarf von 44,1 kW/m² gedeckt werden kann.

Das Haus am Fuchspfad in Arnsberg versteht sich als zeitgemäße Architektur, hochwärmegedämmt, regenerativ energieversorgt, auf dem Weg zur Nullemissionsarchitektur.

Wohnbereich mit Blick in das Ruhrtal

FAKTEN

Einfamilienhaus in Arnsberg
Baujahr 2007

Architekturbüro Banz + Riecks
Dipl. Ing. Architekten
Friederikastraße 86
44789 Bochum
Telefon 02 34-3 41 90
www.banz-riecks.de

Grundstücksfläche 875 m²
Nutzfläche 210 m²
Wohnfläche 125 m²
Umbauter Raum 888 m³
Auftraggeber nicht benannt
Fotos Banz + Riecks/
Klemens Ortmeyer

BESONDERHEITEN

- Energieversorgung über Geothermieanlage
- Fußbodenheizung mit Kühlsystem
- Photovoltaik-Anlage
- Hochwärmegedämmt (20 cm Wärmedämmung)
- Pfosten-Riegel-Fassaden
- Erschließungstunnel mit Fahrstuhl in die Obergeschosse für barrierefreies Wohnen am Hang

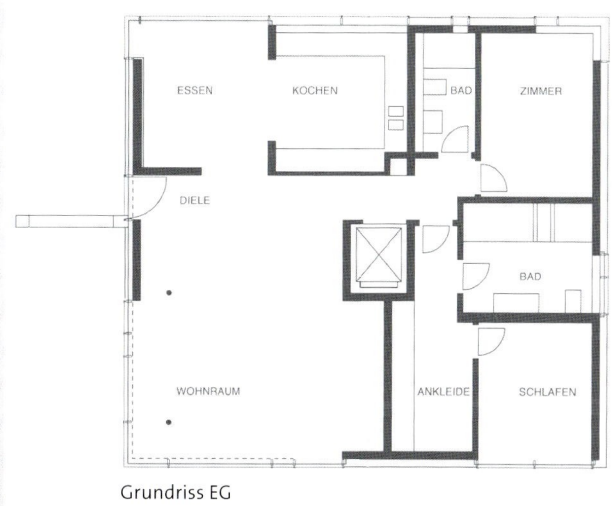

Grundriss EG

Verbindung von Design und Ökologie

VARIABLES RAUMERLEBNIS IM HAUS SCHAUER

Das Motto „Leben in und mit der Natur" findet in diesem Haus seine Erfüllung. Es öffnet sich mit komfortablen Schiebefenstern über große Glasflächen nach draußen. Der Außenbereich wird durch die wetter- und windgeschützten Terrassen und Balkone geprägt. Dank verschiebbarer, filigraner Holzlamellen-Elemente mit Umlauf lassen sich die Balkone bei Bedarf beschatten. Die Verschattungselemente sorgen bei der vollflächig verglasten Fassade gleichzeitig für den nötigen Sichtschutz.

Auf Wunsch der Baufamilie erhielten die Wohnräume inklusive der Küche direkten Zugang zu den Terrassen und Balkonen, so dass die Nähe zur Natur nicht nur optisch vorhanden ist, sondern auch unmittelbar erlebbar wird. Auch im Obergeschoss besteht die Möglichkeit, von fast allen Räumen ins Freie zu gelangen und die Aussicht zu genießen.

Das Erdgeschoss bietet ein kommunikativ anregendes, variables Raumgefühl mit Koch-, Ess- und Wohnbereich. Den Mittelpunkt bildet ein Kaminofen, an zwei Seiten mit großen Glasscheiben geöffnet, der das gesamte Erdgeschoss mit wohliger Wärme versorgt. Große Schiebeglaselemente bieten den Komfort, die Mahlzeiten unter freiem Himmel auf der überdachten Freiterrasse zu genießen.

Design und Ökologie | 17

Der ökologische Anspruch wird mit einem neu entwickelten 40 cm starken Wandsystem erfüllt, das einen beachtlichen U-Wert von 0,15 W/m²K aufweist und gleichzeitig eine hohe Schalldichtigkeit zulässt. Dank patentierter Hobelspäne-Dämmung (HOIZ S45) wird auch ein hochwertiger sommerlicher Wärmeschutz gewährleistet. Ein umweltfreundliches Erdwärme-Heizungssystem, Fußboden- und Wandheizung sowie automatische Wohnraumlüftung, inklusive Pollenfilter, sorgen für ein angenehmes Wohnklima. Der Heizenergiebedarf für das Haus liegt bei lediglich 28 kWh je Quadratmeter Wohnfläche und Jahr.

Außergewöhnlich ist auch das Gesundheits- und Allergikerkonzept mit schadstoffgeprüften Bau- und Dämmstoffen, einer integrierten Schutzebene gegen Elektrosmog, Regenwasserzisterne und Zentralstaubsauger sowie der elektrodynamischen Wasserbehandlung gegen Kalkablagerungen.

FAKTEN

Haus Schauer
Baujahr 2004

Entwurf
Bau-Fritz GmbH & Co. KG
Alpenstraße 25
87746 Erkheim
Telefon 0 83 36-90 00
Fax 0 83 36-90 02 22
E-Mail info@baufritz.com
www.baufritz.de

Wohnfläche 284,5 m²

Fotos Rainer Blunck

BESONDERHEITEN

- Wärmepumpe mit Erdwärme-Tiefensonde
- höchste Energiequalität mit Minergie-Zertifizierung
- Schutzebene gegen Elektrosmog
- Regenwasserzisterne
- Zentralstaubsauger
- elektrodynamische Wasserbehandlung gegen Kalkablagerungen
- Wandsystem mit 0,15 W/m²K mit Hobelspäne-Dämmung (HOIZ S45)
- Fußboden- und Wandheizung

Grundriss EG

Grundriss OG

Flexibel Wohnen und Arbeiten

ÖKOLOGISCHES WOHNPROJEKT IN BAD NAUHEIM

Die kulturwissenschatlich tätige Auftraggeberin wollte eine Mehrgenerationen-Wohnanlage nach baubiologischen und ökologischen Kriterien verwirklichen. Um sich auf den veränderten Wohnbedarf in wechselnden Lebensabschnitten einstellen zu können, sollten die Wohneinheiten flexibel teilbar sein. Die Erdgeschosse wurden für barrierefreies Wohnen optimiert. In den oberen Etagen befinden sich zwei Maisonettewohnungen, die sich besonders durch die hohen lichtdurchfluteten Atelierräume im Dachgeschoss auszeichnen. Von den davor liegenden großflächigen Dachterrassen aus genießt man einen Fernblick über die Orte und Felder der Wetterau.

Zur Verfügung stand ein ca. tausend Quadratmeter großes Grundstück, das seit Jahrzehnten in der begehrten Wohnlage nahe des Hochwalds als Wiesenstück brach lag. Die fußläufige Entfernung zur Bad Nauheimer Innenstadt, die ein Stück Unabhängigkeit vom PKW bedeutet, macht einen weiteren Vorteil der Lage aus.

Auf diesem Grundstück sind zwei luxuriöse Stadtvillen mit ökologischem Profil entstanden. Die Wohnanlage nutzt die optimale Ausrichtung des Südhangs und öffnet sich mit großen Fensterflächen zur sonnigen Straßenseite. Die Nordseite weist weitgehend geschlossen in Richtung des nahen Johannisbergs.

Die beiden Wohnhäuser sind in der Mitte durch ein offenes Glashaus verbunden, das den Eingangsbereich zu den Wohnungen bildet und den Treppenaufgang zu den obe-

ren Stockwerken beherbergt. Das Glashaus ist Treffpunkt und Aufenthaltsraum der Hausgemeinschaft und dient als Winterquartier für Topfpflanzen.

Zur natürlichen Verschattung wird das Glashaus von einer Glycinie berankt, die sich durch ein besonders starkes Wachstum auszeichnet und im Frühjahr mit ihrem farbenfrohen violetten Blütenstand erfreut.

Das verbindende begrünte Glashaus ist Treffpunkt und Eingangsbereich

Eingangsbereich der Maisonettewohnung rechts

Die Häuser sind in Massivbauweise mit porosierten Ziegelsteinen ausgeführt. Die speziellen Ziegel besitzen einen guten Wärmedämmwert und sorgen im Sommer für ein angenehm kühles Wohnklima. Ein mineralischer Wärmedämmputz verstärkt die guten Dämmeigenschaften des Mauerwerks. Der Außenanstrich wurde ebenfalls mit mineralischen diffusionsoffenen Farben ausgeführt.

Die Lärchenholz-Fenster wurden mit einer farblos wirkenden diffusionsoffenen Öko-Farbe behandelt, die den natürlichen Nachdunklungsprozess der Hölzer unterstützt. In den Innenräumen sind die mineralisch verputzten Wände größtenteils mit Lehm- oder Sumpfkalk-Anstrichen versehen.

Die Tonziegel-Dächer wurden zwischen den Sparren mit druckfreiem Altpapier gedämmt. Auf dem südwestlichen Teil der Dachfläche fand eine große, von der Straße nicht einsehbare Solaranlage Platz. Brauchwasser aus Zisternen spart Trinkwasser. Deshalb wurde im Garten eine 5.000 Liter Zisterne eingelassen deren Wasser für die Toilettenspülung und die Gartenbewässerung genutzt wird.

Auf Wunsch der Auftraggeberin wurde bei dem Wohnprojekt auch an Lebensraum für die heimische Tierwelt gedacht. Im Dach sind 30 Lüfterziegel als Schlafplatz für Fledermäuse eingebaut. Für Schwalben wurden unter dem Dachüberstand Rundnester angebracht und im Mauerwerk sind Nistkästen für Nischenbrüter integriert.

Dachterrasse im 2. OG

Wohnraum im 1. OG

FAKTEN

Mehrfamilienhaus in Bad Nauheim
Baujahr 2003

Entwurf
Dipl. Ing. Architektin Beate Rühl
www.beate-ruehl.de

Grundstücksfläche	1.040 m²
Nutzfläche	256 m²
Wohnfläche	485 m²
Umbauter Raum	1.889 m³

Auftraggeber nicht benannt

Fotos Markus Rühl
Telefon 0 60 32-92 84 60

BESONDERHEITEN

- 5.000 Liter Zisterne im Garten für WC und Gartenbewässerung
- Glashaus zur passiven Wärmegewinnung
- Bepflanzung der Glasflächen zur natürlichen Verschattung
- Tondachziegel mit Solaranlage
- Mauerwerk aus porosierten Ziegelsteinen
- Wärmedämmputz
- wasserdurchlässige Pflastersteine im Park- und Hofbereich
- Fenster- und Türgriffe aus Rohmessing (antibakterielle Wirkung)

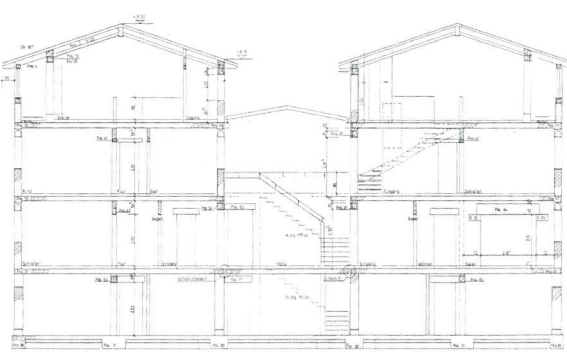

Schnitt durch die Wohnanlage

Lichtdurchfluteter Kubus

NEUBAU IM ZENTRUM VON FRANKFURT AM MAIN

Man glaubt es kaum: dieses Einfamilienwohnhaus wurde mitten in Frankfurt am Main, keine 100 Meter Luftlinie von einer großen Straßenkreuzung entfernt, gebaut. Die umgebende höhere Bebauung umrahmt schützend den Solitär. Und dennoch liegt es idyllisch mitten im Grünen. Glücklicherweise gab es auf dem Familiengrundstück noch ein Plätzchen für dieses Raumsparwunder. Trotz oder gerade wegen seiner Andersartigkeit fügt es sich hier gut ein.

Auf gerade einmal 8,25 m x 8,25 m Außenmaße bringt es dieses Raumsparwunder. Die quadratische Form und die schlanken und dennoch hoch dämmenden Außenwände bieten großzügige Wohnflächen mit Ausblicken ins Grüne aber auch genügend Terrassen- und Gartenfläche mit Abstand zur Bestandsbebauung. Die Holzbauweise erwies sich zudem als die kostensparendste Bauweise. Ein weiterer Vorteil: Durch die Holzbauweise konnte das Haus in kurzer Zeit errichtet werden. Die extensive Dachbegrünung mit niedrigem pflegeleichtem Bewuchs sorgt selbst im Hochsommer für angenehme Innentemperaturen.

Das Ehepaar zog es wegen der kurzen Wege zurück in die Großstadt. Arbeitsplätze, Freunde, Familie und Infrastruktur – alles ist fußläufig zu erreichen. Das Auto wird höchstens einmal zum Wocheneinkauf bewegt, auch eine effiziente Art der Energieeinsparung.

FAKTEN

Einfamilienhaus in Frankfurt
Baujahr 2007/2008

Architektin Dipl. Ing. und Farbgestalterin Monika Diefenbach, BDB
Architekturbüro Diefenbach
Berger Straße 368, 60385 Frankfurt
Telefon 0 69-46 83 38
www.architekturbuero-d.de

Grundstücksfläche 664 m^2
Nutzfläche 45 m^2
Wohnfläche 111 m^2
Umbauter Raum 570 m^3
Kosten pro m^2 Wohnfläche
ohne Baunebenkosten 2.300,- €

Fotos Studio Christoph
Telefon 0 60 02-9 38 14 82

BESONDERHEITEN

- Holzständerbauweise mit Zellulosedämmung
- Außen: mineralischer Putz auf Holzweichfaserplatten
- Holzbalkendecken
- Flach geneigtes Dach mit extensiver Begrünung
- Brennwertheizung
- Zusätzlich Kaminofen mit Edelstahl-Außenkamin
- Voll unterkellert
- Sehr gutes Raumklima durch diffusionsoffene Wand- und Deckenkonstruktionen

Wohnen am Rande der Stadt

NEUBAU AM FUSS DES BERGEN-ENKHEIMER HANGS

Die das Baugrundstück umgebende Nachbarschaft ist typisch für vergleichbare vorstädtische Konstellationen mit den unterschiedlichsten Baugegebenheiten aus den vergangenen Jahrzehnten. Zwar überwiegt entlang der Riedstraße, welche die Hauptstraße in dieser Ortslage am Fuß des markanten Bergen-Enkheimer Hanges ist, die giebelständig zur Straße aufgereihte Ausrichtung der Häuser. Doch anderweitig gibt es kaum ordnende städtebauliche Merkmale.

Grundstücksausnutzungen, Geschossigkeit, Volumen, alles ist ziemlich heterogen und bauhistorisch unterschiedlichsten Epochen zugehörig. Viele Häuser, bei denen das Wohnen in Eigennutzung überwiegt, wurden und werden von ihren Benutzern zudem ständig mit weiteren Gauben, Anbauten etc. umgebaut.

Ein buntes, ein interessantes Bild, ein schwieriges und dabei wunderbar herausforderndes Grundstück. Der Entwurf arbeitet mit allen diesen Dingen und vor allem dem Hang, er passt sich an, nutzt aus. Jedes Geschoss verfügt über einen Zugang ins Freie, den Garten, zwei Dachterrassen. Der Grundriss ist weiträumig und offen, eine filigrane einläufige Stahltreppe verbindet die Geschosse. Die Regenwassernutzung sowie eine kleine Solaranlage für das Warmwasser bilden zusammen mit der Brennwertkessel-Zentrale die Haustechnik.

FAKTEN

Einfamilienhaus
Baujahr 2008

Architekt Joachim Schwarzenberg
Dipl. Ing. Architekt BDA
Martin-Luther-Straße 11
60316 Frankfurt am Main
Telefon 0 69-4 96 00 96
www.joachim-schwarzenberg.de

Fotos Joachim Schwarzenberg

Grundstücksfläche 402 m²
Nutzfläche 46 m²
Wohnfläche 213 m²
Umbauter Raum 839 m³

BESONDERHEITEN

- 1 Terrasse pro Ebene
- Kleine Solaranlage für die Brauchwassererwärmung
- 4.000 Liter Regenwasserzisterne

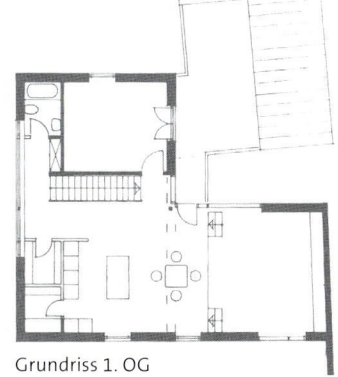

Grundriss 1. OG

Nachhaltiges Bauen mit Lehm und Holz

BESTES RAUMKLIMA DURCH STAMPFLEHMWÄNDE

Projektidee war, ein Haus aus Holz und Lehm entstehen zu lassen, welches mit Materialien, die direkt aus der Region stammen, gebaut wird. Entstanden ist die Idee im Zusammenhang mit der „Lokalen Agenda" im Oberbergischen Kreis. Gewünscht war „Nachhaltiges Bauen", ressourcenschonende Bauweise und ein Gebäude, welches gesund für seine Nutzer und verträglich für die Umwelt sein sollte.

Die spezielle Bauweise soll im Rahmen der Nutzung des Gebäudes als Tagungs- und Veranstaltunghaus dem Fachpublikum, aber auch der interessierten Öffentlichkeit zur Veranschaulichung dienen. Auf eine betonierte Bodenplatte wurde eine Holzrahmenkonstruktion, vom Zimmermann vorgefertigt, in Form von bis zu 10 m langen Außenwandelementen errichtet, die vor Ort zusammengesetzt wurden.

Vorgefertigte Holzbalken (Höhe der Hauptträger bis zu 38 cm Vollholz) bilden die Deckenträgerlage, die auf die Holz-Rahmenwände aufgelegt wird. In gleicher Form entstand das Obergeschoss. Abschließend erfolgten die Zimmermannsarbeiten des Dachstuhls. Gedämmt wird das Gebäude mit Holzfaserdämmstoffen, die sich perfekt in die Holzrahmenelemente bzw. in die Dachsparren einpassen ließen.

Über eine Brücke gelangt der Besucher in den Foyerbereich im Obergeschoss des Gebäudes

Bauen mit Lehm und Holz | 29

Der schlichte Baukörper, angelehnt an die Bauformen von bäuerlichen Hofanlagen, fügt sich zurückhaltend in die Topographie des Bergischen Landes

Sämtliche Konstruktionshölzer, aber auch das Holz für Fenster, Türen, Fußböden und Außenschalung stammen aus den eigenen Wäldern des Bauherrn und sind entsprechend vorher eingeschlagen und gelagert worden. Beim Ausbau und insbesondere auch bei den Oberflächen wurden diverse Lehmwand- und Lehmputzkonstruktionen angewandt, die Bauherr und Architekt teilweise schon früher bei der Restaurierung und Umnutzung von historischen Gebäuden eingesetzt hatten.

Durch unterschiedliche Putzaufbauten, Oberflächenbehandlung und Farbgebung stellt sich die Palette der Anwendungsmöglichkeiten des modernen Lehmbaus dem Besucher dar. Nicht verputzte Flächen zeigen Wandaufbauten, die das Zusammenspiel von Holz und Lehm beispielhaft darstellen.

Der Besprechungsraum wird gestalterisch geprägt durch die Stampflehmwand mit Kamin und die großzügig verglaste Gebäudeecke

Die „Seele" des Hauses ist jedoch eine ca. 7,20 m hohe und ca. 80 cm starke Stampflehmwand, in die zwei offene Kamine integriert sind. Durch ihre Massivität und Rauheit in der Oberfläche wirkt sie wie ein Stück angeschnittenes Erdreich (= Lehm), welches sich im Eingangs- und Foyerbereich als Dreh- und Angelpunkt des Gesamtgebäudes zu erkennen gibt.

Als Masse- und somit Wärmespeicher unterstützt sie die thermische „Trägheit" des hauptsächlich mit leichten Materialien konstruierten Gebäudes.

Der Veranstaltungsraum im Obergeschoß bietet durch die komplett verglaste Loggia einen sehr schönen Ausblick in die bergische Landschaft

Bauen mit Lehm und Holz | 31

Nicht nur die Bauweise, auch der Betrieb des Gebäudes erfolgt mit nachwachsenden Rohstoffen aus der Region. Eine Holzhackschnitzel-Heizung, befeuert mit Eigenholz, sorgt in Verbindung mit einer Wand- und Deckenheizung für angenehmste Raumklimata.

Eingebettet in Lehmtrockenbauplatten geben die Heizschleifen ihre Wärme über Strahlung ab. Dieses Heizsystem bietet auch die Möglichkeit der sommerlichen Kühlung mit derselben Installation.

FAKTEN

Seminarhaus in Engelskirchen
Baujahr 2008

Architekturbüro
Mekus Architekten
Collenbachstraße 35
40476 Düsseldorf
Telefon 02 11 - 44 44 79
www.mekus-architekten.de

Auftraggeber
Jörg Deselaers, Ecolut-Forum
www.das-lehmhaus.de

Nutzfläche 820 m²
Umbauter Raum 4.400 m³

Fotos Thomas Koculak
www.koculak.de

BESONDERHEITEN

- Konstruktionshölzer, Holz für Fenster, Türen und Fußböden und Außenschalung stammen aus dem eigenen Wald des Bauherrn

- Stampflehmwand 7,20 m hoch und 80 cm stark

- Holzhackschnitzelheizung befeuert mit Eigenholz

- Wand- und Deckenheizung, die im Sommer auch zur Kühlung verwendet wird

- Diverse Lehmwand- und Lehmputz-Konstruktionen

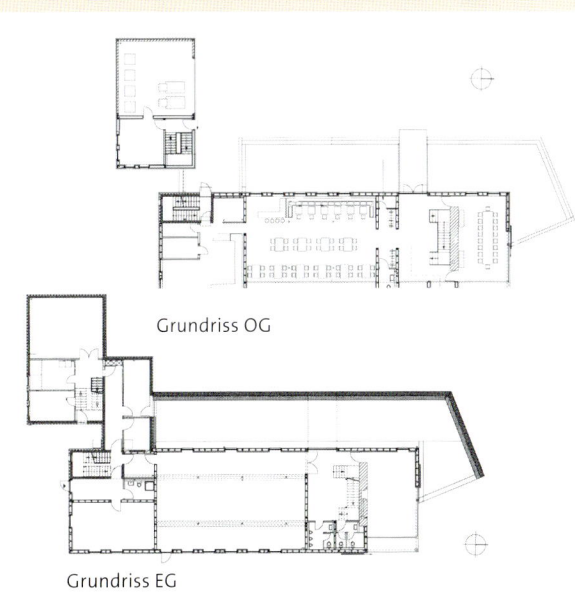

Grundriss OG

Grundriss EG

Bauen mit Lehm und Holz | 33

Haus der Nachhaltigkeit

AUSSTELLUNGS- UND SEMINARGEBÄUDE IM BIOSPHÄRENRESERVAT

Die Region Rheinland-Pfalz ist vom größten zusammenhängenden Waldgebiet Westeuropas, dem Biosphärenreservat Pfälzerwald-Nordvogesen, geprägt. Über 1.800 km² erstreckt sich der Wald auf der deutschen Seite mit einem vielfältigen Angebot an Laub- und Nadelbäumen. Inmitten dieses Biosphärenreservates befindet sich auf der Hirschwiese in Johanniskreuz das „Haus der Nachhaltigkeit" (HdN).

Das „Haus der Nachhaltigkeit" versteht sich als Plattform für Fragen rund um einen nachhaltigen Lebensstil. Eine Ausstellung, Veranstaltungen, Seminare und ein Regionalladen bringen interessierten Besuchern die Umsetzung einer zukunftsfähigen Lebensweise näher. Das Gebäude ist selbst Teil der Ausstellung und zeigt verschiedene ökologische Bauweisen, naturverträgliche Materialien sowie ein alternatives Energiekonzept. Das nach Kriterien der Nachhaltigkeit gebaute Gebäude ist auch ein Symbol für die Region und den Pfälzerwald.

Acht 30 Meter lange parallel zueinander stehende Wände formen den Grundriss des Gebäudes. Die Wände bestehen aus Holz, Lehm, Glas und Stein und stellen Elemente des Biosphärenreservates dar. So symbolisiert eine Glaswand klare Quellen, eine Stampflehmwand zeigt massive Erdschichten, während eine Sandsteinwand an die Felsen des Pfälzerwaldes erinnert. Holzwände aus Eiche, Douglasie und Kiefer erzählen von den Bäumen des Waldes.

Der Weg durch die Ausstellung im Gebäudeinneren führt entlang dieser Wände. Mit Ausnahme der verglasten Südwand wurden alle Materialwände in massiver Bauweise mit sichtbar belassenen Oberflächen ausgeführt. Auf Leim, Lack und Imprägnierung wurde verzichtet, um die Natürlichkeit der Materialien zu erhalten. So entfalten sich die positiven Materialeigenschaften und wirken angenehm auf das Raumklima. Die natürlichen Farben der Oberflächen strahlen Wärme aus und das Holz verbreitet den Duft des Waldes. Für optimale Raumluftfeuchte und guten Temperaturausgleich sorgen klimaregulierende Eigenschaften von Holz und Lehm. Das Spiel gerader und geschwungener Materialwände sowie ein Wechsel der Raumhöhe steigern die räumliche Spannung.

Nordansicht

Ausstellungsraum

Haus der Nachhaltigkeit | 35

Ostansicht

Lehmwand im Foyer

Lehm steht im HdN symbolisch für die Erde des Pfälzerwaldes, spielt aber auch aus baubiologischer Sicht und bezüglich der Ästhetik des Materials eine wichtige Rolle. Im von Licht durchfluteten Foyer ist die geschwungene Stampflehmwand mit feinen horizontalen Schichtungen ein Blickfang, der zudem das Klima reguliert. Diese massive Lehmwand speichert Sonnenenergie, die über die Glasfassade in das Foyer einfällt. Sie gleicht Temperaturschwankungen aus und sorgt ganzjährig für optimale Raumluftfeuchte.

Holz kommt im HdN eine besondere Bedeutung zu. Die Bauherren, die Landesforsten Rheinland-Pfalz, möchten mit dem Gebäude deutlich machen, dass im Rahmen nachhaltiger Forstwirtschaft der nachwachsende Rohstoff Holz genutzt werden muss. Das Holz für den Bau stammt aus dem forsteigenen, nachhaltig bewirtschafteten Staatswald Johanniskreuz.

Zum Wintereinschlag fällten die Bauherren im Februar 2003 etwa 1000 Festmeter Holz in ihrem Forst. Diese Stämme wurden im Wald entrindet und auf Poltern zur Lufttrocknung gelagert. Betriebe der Region verarbeiteten sie später zu Bauholz. Die sichtbar belassenen Oberflächen der Wände strahlen Wärme und Behaglichkeit aus und ihre angenehme Oberflächentemperatur wirkt positiv auf das Raumklima. Insgesamt wurde das Holz innen wie außen unbehandelt eingebaut, d.h. Witterung und UV-Licht verändern mit der Zeit die Oberflächen und verleihen dem Holz Patina.

Ökologisches Gesamtkonzept

Die überwiegende Verwendung von Naturbaustoffen sowie der Einsatz von Holz des Forstes Johanniskreuz sind Teil des ökologischen Konzeptes. Materialwahl und Gebäudeausrichtung regulieren das Klima, ohne von aufwändigen, energietreibenden technischen Hilfen abhängig zu sein. Durch das hohe Speichervermögen von massiven Wänden entsteht eine Phasenverschiebung zwischen der Temperatur der Wand und dem Innenraum. Dadurch heizen sich die Räume nicht zu schnell auf, bzw. kühlen sie nicht zu schnell ab. Weinpflanzen vor den verglasten Ost- und Westfassaden schützen im Sommer vor zu starkem Sonneneinfall. Im Herbst schmücken die bunten Blätter die Fassaden, im Winter kann Licht und Wärme in die Innenräume einfallen. Die Heizenergie wird mit passiver Sonnenenergie, Solarkollektoren sowie einer Pelletsheizung gewonnen. Letztere ist als Teil der Ausstellung „offen" in den Rundgang integriert. Solarkollektoren und Photovoltaikanlage können von der Dachterrasse aus betrachtet werden. Gräser und Kräuter auf den Dachgärten gleichen einen Teil der durch das Gebäude genutzten Wiesenfläche wieder aus. Zum Konzept gehört auch die Nutzung des Regenwassers: Dieses wird in einem Regenwasserteich und in Zisternen für Toilettenspülung und Gartenbewässerung gesammelt.

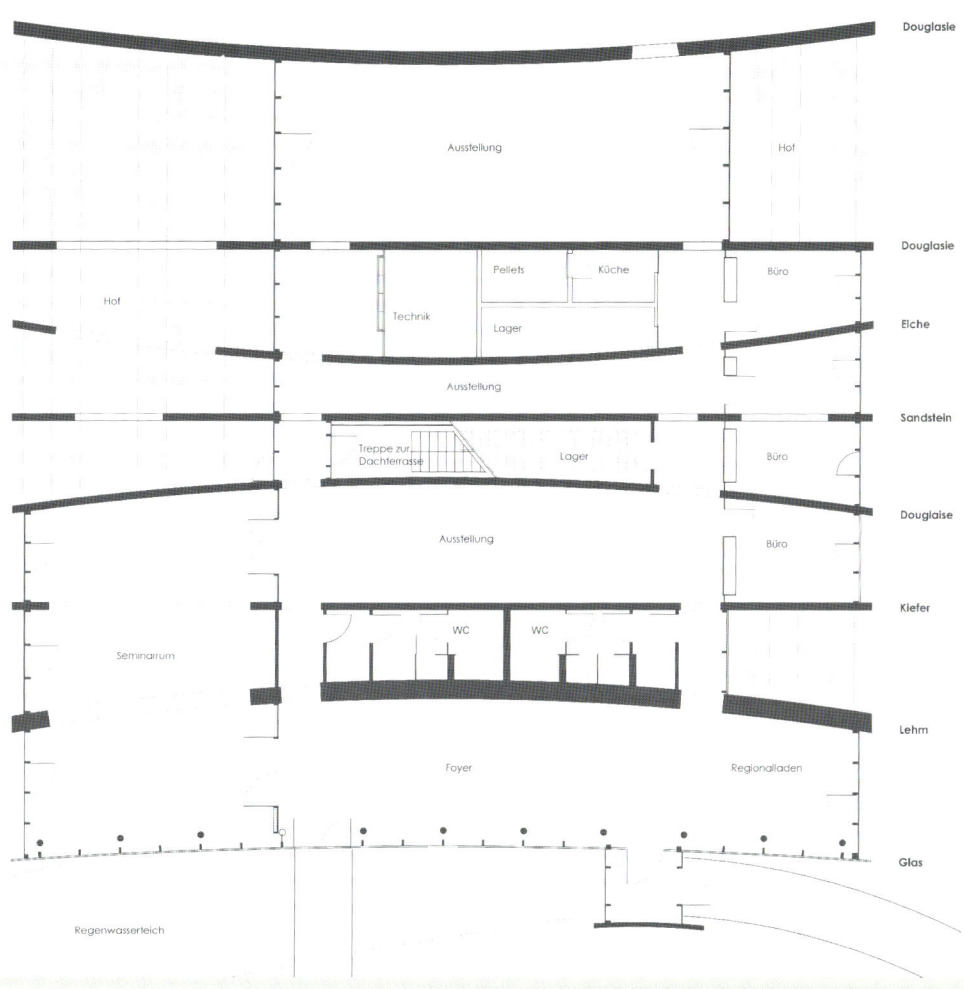

FAKTEN

Ausstellungs- und Seminargebäude Haus der Nachhaltigkeit
Bauherr Land Rheinland-Pfalz, vertreten durch die Landesforsten Rheinland-Pfalz
Standort Johanniskreuz 1a, 67705 Trippstadt
Verfasser und Bauleitung
rabaschus und rosenthal
Büro für Architektur und Stadtplanung
Antonstraße 23, 01097 Dresden
Telefon 03 51 - 4 568 859
info@rabaschusrosenthal.de
www.rabaschusrosenthal.de
Bruttorauminhalt 3.959 m³
Nutzfläche 547 m²
Ausführung 2003 bis 2005
Fotos Stefan Marquart

BESONDERHEITEN

- Verwendung von Holz des Waldes der Bauherren
- geschwungene Holzwände, Holzboden, Holzdächer/-decken, Stampflehmwand und Sandsteinwand in massiver Bauweise
- sichtbar belassene Oberflächen aller massiven Wände
- Nutzung der natürlichen Materialeigenschaften für das Raumklima
- Einbau von unbehandeltem Holz
- Pelletsheizung und Solaranlage
- Photovoltaikanlage
- Regenwassernutzung für WC und Garten
- verglaste Südfassade zur Nutzung passiver Sonnenenergie

Photovoltaikanlage

Begrünte Höfe

Zeitgemäße Renovierung

Beispielhafte Objektsanierung mit An- und Umbauten

Westend Grün

LEHMHAUS MIT SCHILFROHRDÄMMUNG IM BERLINER WESTEND

Das Haus im Berliner Westend wurde in den 1930er Jahren als „Berliner Würfel" in den Abmessungen 11 x 11 Metern mit zwei Geschossen errichtet. Nach starker Zerstörung während des Zweiten Weltkriegs wurde es mit den damals zur Verfügung stehenden Mitteln notdürftig als eingeschossiges Gebäude mit ausgebautem Notdach wieder aufgebaut.

Mit der im Oktober 2007 abgeschlossenen Baumaßnahme ist das Haus in seiner zweigeschossigen Bauweise wiederhergestellt und fügt sich selbstbewusst in das Ensemble aus in Gärten freistehenden Bürgerhäusern und Villen ein. Über einen großzügigen Hofbereich erreicht man eine aus Holz errichtete pyramidenförmige Treppenanlage, die in das über dem Gartenniveau liegende Erdgeschoss führt.

Im Erdgeschoss bieten die zu einer offenen Raumfolge gefügten Bereiche Wohnen und Essen zusammen mit der Kanzlei der Bauherrin einen angemessenen Rahmen für das gesellschaftliche Leben der Bauherren und wenden sich über große Fenster- und Fenstertüröffnungen den vorgelagerten Terrassen und umliegenden Gärten zu. Das Treppenhaus endet im Obergeschoss in einem großzügigen Bibliotheksbereich. Die übrigen Räume des Obergeschosses dienen dem Rückzug. Gleichzeitig rahmen die großen Fensteröffnungen vielfältige Ausblicke in das umgebende Grün.

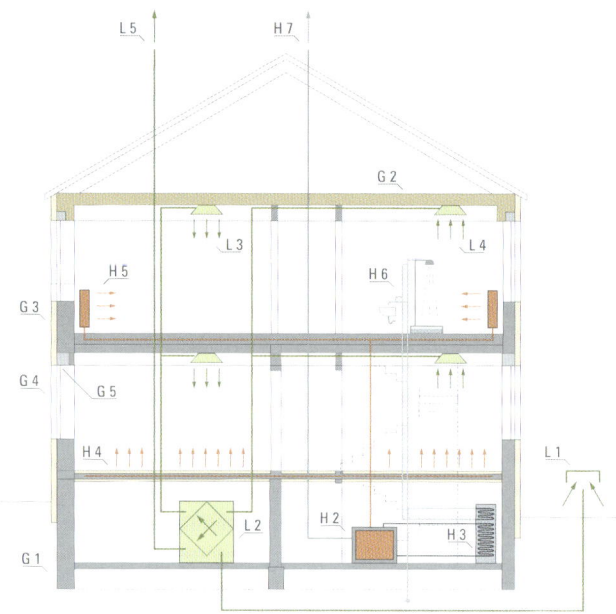

Gebäudehülle/Konstruktion

G 1 – Bestand
G 2 – Cellulosedämmung im Holzbau
G 3 – Schilfrohrdämmung
G 4 – Fenster
G 5 – Rollladenkasten

Heizsystem

H 1 – Gasheizung
H 2 – Schichtenspeicher
H 3 – Fußbodenheizung
H 4 – Heizkörper
H 5 – Dusche/Waschbecken
H 6 – Abgasrohr

Lüftungssystem

L 1 – Frischluftansaugung
L 2 – Lüftungszentrale mit Wärmerückgewinnung
L 3 – Frischluftzufuhr
L 4 – Abluftentnahme
L 5 – Abluft über Dach

In der Ausführung wurde Wert auf die Verwendung gesunder, natürlicher und ressourcenschonender Materialien und den Einsatz von nachhaltigen Konstruktionen gelegt. Das Obergeschoss wurde als vollausgedämmte Holzkonstruktion mit Innenwänden aus Lehmsteinen errichtet. Alle Wände wurden mit Lehmgrundputz und weißem Lehmfeinputz bekleidet. Das Gebäude wurde komplett mit einer 12 cm starken Dämmung aus Schilfrohr gedämmt, mit einem 3 cm starken Luftkalkputz und mit Kalkanstrich versehen. Diese Art des Vollwärmeschutzes wurde hier erstmalig in Deutschland ausgeführt.

Über die Dämmmaßnahmen an der Gebäudehülle und den Einbau einer Lüftungsanlage mit Wärmerückgewinnung wurde der Energiebedarf auf 60 % des Neubauniveaus abgesenkt. Die verwendeten natürlichen Baustoffe reduzieren den Energieaufwand in der Errichtung, sodass auf einen Lebenszyklus von 50 Jahren mit einer Energieeinsparung von 50 % gegenüber konventionellen Neubauten zu rechnen ist, zudem werden Rückbau und Recycling in späteren Zeiten erheblich erleichtert.

FAKTEN

Einfamilienhaus im Berliner Westend
Fertigstellung 2007

Architekturbüro
www.werk-a.de

Wohnfläche 180 m²

Auftraggeber von Seltmann

Fotos Torsten Seidel
www.torstenseidel.com

BESONDERHEITEN

- 235,36 kWh/m² a (vor Sanierung)
  74,01 kWh/m² a (nach Sanierung)
  (60 % von EnEV, Neubaustandard)

- Schilfrohrdämmung 12 cm mit Kalkputz als Vollwärmeschutz

- Lehmsteine, Lehmputze und Lehmfeinputze steuern das Raumklima, also Feuchte und Temperatur

- hoher sommerlicher Wärmeschutz (Kühle) durch Luftfeuchteaktivität des Lehms

- OG als Holzbau mit Zellulosedämmung

- weißer Lehmfeinputz auf den Innenwänden mit handwerklichen Oberflächen

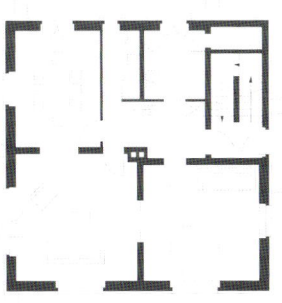

Grundriss EG

Grundriss OG

Westend Grün | 43

Alter Hof in neuem Gewand

UM- UND AUSBAU DES MOARHOF IN HOLZHAUSEN

Der Moarhof ist eine eingesessene Hofstelle in einem Hundertseelendorf südlich von München. Der marode Wohnteil des vierzig Meter langen Einfirsthofes wurde 1999 abgerissen und an derselben Stelle entstand in entsprechender Kubatur ein neuer Wohntrakt in Holzbauweise. Realisiert wurde das Objekt in Zusammenarbeit mit dem Architekt Dipl. Ing. Andreas Stuber. Idee und Planziel bei der Fassadengestaltung war es, ein friedliches Miteinander moderner Formensprache und Gestaltungsauffassung und dem ortstypischen Bauen zu schaffen.

Blick vom Essbereich zum Atelier

Küche und andere Perspektiven im gemeinschaftlichen Wohnraum

Stahlsteg zu einem der Studios

Im zwei Geschosse hohen, zentralen Wohnraum, welchen sich die Bewohner gemeinschaftlich teilen, befinden sich die Bereiche Kochen, Essen, offener Kamin und Arbeiten. Im ersten Obergeschoss sind Räume, welche mit Seekiefer-Schalungsplatten vertäfelt sind und so die Anmutung einer Kiste haben, eingestellt. Sie dienen als Studios für private Tätigkeiten und Stimmungen. Das Dachgeschoss ist für die Schlafräume und Bäder ausgebaut.

Soweit es möglich war wurden die Baumaterialien hinsichtlich ihrer positiven Ökobilanz ausgewählt, worunter nicht zuletzt die auf der Innenseite der Aussenwände in Stapeltechnik eingebrachten, zweilagig mit Lehm verputzten Lehmsteine fallen. Diese 8-10 cm dicke, ungestrichene Lehmschicht gibt dem Haus nicht nur eine einmalige Farbigkeit und Atmosphäre. Sie ist auch in der Lage, Wärme und Feuchtigkeit zu speichern und neben allen anderen hervorragenden Eigenschaften des Materials unangenehmen Hall im hohen Wohnraum zu vermeiden und für eine gute Akustik zu sorgen.

Die sichtbaren Holzteile und -schalungen sind unbehandelt und die kontrastierend eingesetzten Stahlkonstruktionen in einem an Industriearchitektur erinnernden Grau gestrichen.

Hof in neuem Gewand | 45

Die durch die Öffnung der Fassade nach Süden im Obergeschossbereich tief in das Gebäude einfallenden Sonnenstrahlen führen nicht nur zu spektakulären Schattenspielen in den Herbst- und Wintermonaten, sondern auch zu einer günstigen passiven Sonnenenergienutzung, welche auch von der Lehmschicht und anderen massiven Bauteilen, wie der Sichtbetonwand mit dem offenen Kamin, lange gespeichert und abgestrahlt wird.

An sonnigen Wintertagen ist eine zusätzliche Heizung größtenteils überflüssig. Im Sommer wird die Fassade durch die für das ländliche Bauen im süddeutschen Raum typischen Dachüberstände verschattet, so dass eine Überhitzung, wie oftmals angenommen, nicht stattfindet.

Mit der Platzierung der Feuerstelle im Zentrum des Hauses wird die Figur des „Liegens oder Sitzens am Feuer" gleichsam wieder in die Mitte gerückt. Es entsteht eher der Eindruck eines Lagerfeuers, als der eines befriedeten Kaminfeuers.

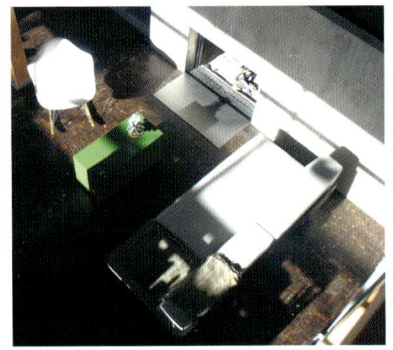

„Mitten im modernen Leben ist der alte Feuerglaube virulent. (...) Das Feuer schafft jenen unersetzbaren symbolischen Innenraum im wilden Aussenraum, der den Zauber des Schutzes gewährt..."

Gert Selle ‚Die eigenen vier Wände'

Gartenansicht Moarhof

FAKTEN

Einfamilienhaus in Oberbayern
Baujahr 1999-2001

Architektin

Dipl. Ing. Dorothea Ronneburg
Innenarchitektin
Endlhauserstraße 5
82064 Holzhausen
Telefon 0 81 70-99 77 50
E-Mail dr@ronneburg.org

Grundstücksfläche	2.450 m²
Nutzfläche	294 m²
Wohnfläche	245 m²
Umbauter Raum	878 m³

Fotos Dorothea Ronneburg

BESONDERHEITEN

- 6.000 Liter Zisterne im Vorgarten zur Wassernutzung für WC und Garten
- Pflanzenkläranlage
- Innenwände zweilagiger Lehmputz auf Holzwolleleichtbauplatten
- Aussenwände innenseitig mit Lehmsteinen in Stapeltechnik und Lehmputz
- Dämmung allseitig mit Zellulose-Einblasdämmung
- Heizung mittels Wärmepumpe basierend auf Erdwärme in Verbindung mit Wandheizung im Lehmputz
- Südseitige Fassadenöffnung zur passiven Sonnenenergienutzung
- Holzbalkendecken mit Rieselschüttung, Holzdielenböden, im Erdgeschos Linoleum bzw. Holzpflaster

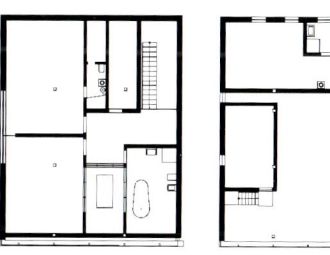

Grundriss DG   Grundriss 1. OG

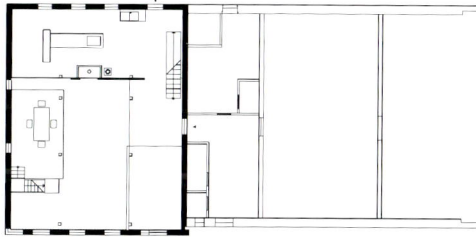

Grundriss EG

Metamorphose einer Scheune

UMBAU ZUM WOHNHAUS MIT ATELIER IN OBER-ROSBACH

Das ehemals landwirtschaftlich genutzte Anwesen befindet sich als Bestandteil einer historisch gewachsenen Haus-Hof-Bebauung an einer Nebenstraße in der Ortsmitte von Ober-Rosbach.

Die denkmalgeschützte Anlage besteht aus einem giebelständig zur Straße hin platzierten Wohnhaus, einer traufständig im Winkel um einen privat nutzbaren Hof angeordneten rückwärtigen Scheune und einem nachträglich und wenig qualitätvoll zwischen Vorder- und Hinterhaus eingefügten Verbindungsbau. Dieser wird im Zuge des Umbaus abgebrochen und durch ein über zwei Geschosse reichendes Glashaus ersetzt. Dadurch werden die an die gläserne Halle angrenzenden Räume reichlich mit natürlichem Licht versorgt. Gleichzeitig werden das aus dem 16. Jahrhundert stammende Fachwerkhaus und die um 1900 entstandene Scheune wieder getrennt erlebbar und neu miteinander in Beziehung gesetzt.

Die Anordnung der Treppen, Lufträume und Brücken ermöglicht vielfältige Wege- und Blickbeziehungen zwischen Vorderhaus und rückwärtigem Ateliergebäude.

Der mit Naturstein gepflasterte Hof dient in Ergänzung zum Eingangs- und Aufenthaltsbereich des Glashauses als geschützer Bereich zum Sitzen und Verweilen im Freien und gleichermaßen als erweiterter Arbeitsbereich des Ateliers.

Die dezent auf den Bestand hin abgestimmte Materialwahl, eine sorgfältige Ausführungsplanung und deren akribische handwerkliche Umsetzung sorgen für eine freundliche Atmosphäre im Innen- und Aussenraum des Gebäudes.

Im Spannungsfeld zwischen größtmöglicher Erhaltung des Bestandes und der Notwendigkeit gezielter architektonischer Eingriffe zur Umsetzung eines zeitgemäßen und auf die Bedürfnisse des Bauherrn hin maßgeschneiderten Konzeptes zum Wohnen und Arbeiten, entsteht ein respektvolles Nebeneinander von alt und neu.

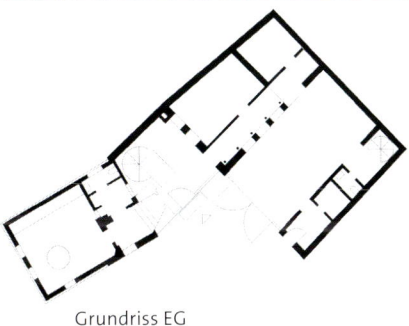

Grundriss EG

FAKTEN

Umbau eines Fachwerkhauses mit Scheune in Ober-Rosbach

Architekt Kränzle+Fischer-Wasels mit B. Hoidn
Werderplatz 37, 76137 Karlsruhe
Telefon 07 21-4 13 89
www.kraenzle-fischerwasels.de

Grundstücksfläche	203 m²
Hoffläche	64 m²
Überbaute Fläche	139 m²
Wohnfläche vor dem Umbau	75 m²
Wohnfläche nach dem Umbau	197 m²
Umbauter Raum	1.116 m³

Auftraggeber Reiner Uhl

Fotos Pfannmüller, Telefon 0 69-46 70 70

BESONDERHEITEN

- Glashaus zwischen Wohnhaus und Atelier zur passiven Wärmegewinnung
- 2 Treppen und Brücken erlauben einen abwechslungsreichen Spaziergang im Haus
- Dacheindeckung Biberschwanz
- Galerien und Lufträume
- Blickverbindungen – Bezüge zwischen den Räumen
- über eine Samba-Treppe als Regal gelangt man in das Einraum-Dachgeschoss
- Wandoberflächen innen teilweise Sichtmauerwerk, teilweise Fachwerk – ehemalige Außenwand wird zur Innenwand
- ausschließlich natürliche Baustoffe – Naturstein, Ziegel, Kalkputz, Mineralfarben, Holz
- Hundefenster in der Toranlage
- Bibliotheksgalerie über Leiter erschlossen
- Naturstein (Nagelfluh) bekleideter Kaminofen mit Wärmeregister als Zusatzheizung
- Holz wird über die Kranbahn in das 1. OG befördert

Erweiterung einer Feldsteinscheune

WOHNHAUS IN DER MÄRKISCHEN SCHWEIZ

Der Wohnhausneubau ergänzt den Rumpf einer historischen Feldsteinscheune in der Kubatur eines ehemals in Holzbauweise errichteten und eingestürzten Teils des Gebäudes. Mit dem Neubau wird das Ensemble der landwirtschaftlichen Hofanlage wieder hergestellt und der Übergang des Dorfes zum angrenzenden Naturpark Märkische Schweiz hergestellt. Der Zersiedelung wird durch Verdichtung innerhalb der Ortslage vorgebeugt und bestehende Erschließungen werden genutzt.

Die Feldsteinscheune bleibt als unbeheizter Raum in ihrer ursprünglichen Form erhalten. Die Erschließung von Scheune und Wohnhaus erfolgt von Norden aus über eine Rampe und eine Eingangszone im Bereich der ehemaligen Scheuneneinfahrt. Den Übergang zwischen beiden Teilen bildet eine kerngedämmte Stampflehmwand mit anschließenden Glasfassaden. Der „kalte" Vorbereich setzt sich im Wohnbereich über eine Erschließungszone fort, die ins Obergeschoss führt. Der Grundriss des EG und OG öffnet sich über eine zentrale Terrassentüröffnung bzw. eine großflächig verglaste Gaube nach Süden zur anschließenden Terrasse. Der Küchenblock mit Bezug auf die zentrale Öffnung bildet den Mittelpunkt des Hauses, an den sich nach Osten ein ruhiger Wohnbereich anschließt. Die Bäder und der Technikraum sind im Norden angeordnet. Bestand und Neubau ergänzen sich in unterschiedlichen, scheunentypischen Qualitäten und rücken unter einem Dach zusammen.

Das Haus ist für die passive Sonnenenergienutzung nach Süden ausgerichtet und wird darüber hinaus über einen Solarkollektor und einen Zentralheizkamin für Stückholz beheizt. Die Frostsicherung bei Abwesenheit der Nutzer erfolgt elektrisch. Die Wärme wird im EG über eine Fußboden- und im OG über eine in Lehmputz eingebettete Wandstrahlungsheizung verteilt. Der Primärenergieverbrauch nach EnEV wird damit auf 24 kWh/a m² reduziert. Gartenbewässerung, Toilettenspülung und die Waschmaschine werden mit Regenwasser versorgt. Das Abwasser wird über eine Kleinkläranlage geklärt und auf dem Grundstück versickert.

Das Erdgeschoss bilden tragende Stampflehmwände auf einer Gründung aus Stahlbeton. Das Haus ist das erste Wohnhaus in dieser Bauart nach Aufgabe der Notbaumaßnahme aus den 1950er Jahren. Die kerngedämmte Stampflehmwand im Übergang zur Scheune wurde für dieses Bauvorhaben entwickelt und hier erstmalig errichtet. Sie wurde anhand von Werkstattmustern und mit einem Prototypen vor Ort entwickelt. Analog zu den Stampflehmwänden folgt die Brettstapeldecke den Prinzipien Schichten und Stapeln. Das Obergeschoss ist in Holzbauweise errichtet und mit eingeblasenen Hanffasern gedämmt. Die Außenwände sind mit Hanffaserplatten gedämmt und verputzt. Mit der weitestgehenden Verwendung nachwachsender und regenerativer Rohstoffe wird die Verwendung fossiler Ressourcen für die Errichtung des Gebäudes stark reduziert.

FAKTEN

Haus Ihlow
Baujahr 2004/2005

Planung
Ziegert Roswag Seiler Architekten Ingenieure
Architektur Dipl.-Ing. Architekt Eike Roswag
**Tragwerk, Fachberatung Lehmbau,
Energieberatung** Dr.-Ing. Christof Ziegert,
Dipl.-Ing. Uwe Seiler
www.zrs-berlin.de

Grundstücksfläche 583 m²
Wohnfläche 180 m²
Auftraggeber Dunja und Matthias Hain
Kosten pro m² 1.300,- € zuzüglich Eigenanteil

Fotos Torsten Seidel und Ludger Paffrath

BESONDERHEITEN

- Tragende Stampflehmwände
- 80 % des Gebäudes wurden aus Naturbaustoffen Lehm, Holz und Hanffaserdämmung errichtet
- 100 % Sonnenenergienutzung zur Beheizung über Warmwasserkollektoren und Stückholz
- Regenwassernutzung/-versickerung und die geplante Kleinkläranlage ermöglichen eine autarke Abwasserbewirtschaftung

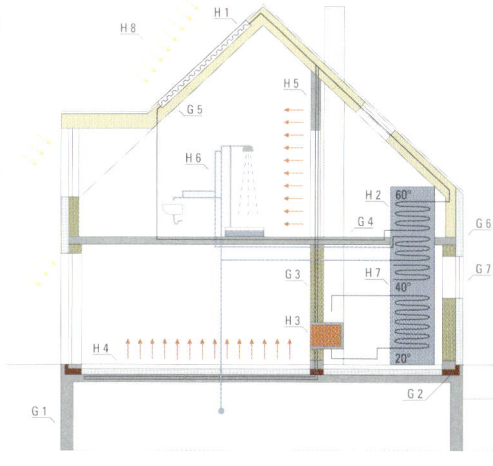

Gebäudehülle/Konstruktion

G 1 – Bodenplatte
G 2 – Wärmedämmung (druckfest)
G 3 – Stampflehmwand
G 4 – Brettstapeldecke
G 5 – Holzbau OG/ Hanffaserdämmung
G 6 – Hanffaser WDVS
G 5 – Fenster

Heizsystem

H 1 – Warmwasserkollektor
H 2 – Schichtenspeicher
H 3 – Zentralheizkamin
H 4 – Fußbodenheizung
H 5 – Wandheizung
H 6 – Dusche/Waschbecken
H 7 – Notbeheizung Frostsicherung (elektrisch)
H 8 – Sonnenenergie

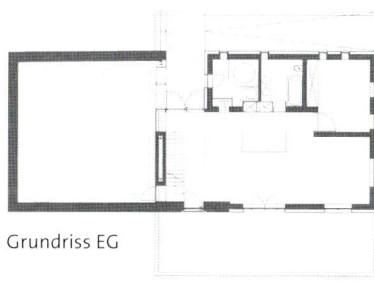
Grundriss EG

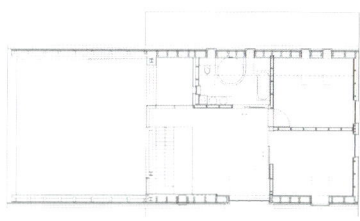
Grundriss OG

Erweiterung einer Scheune | 55

Eingangssituation im ersten Obergeschoss

Dialog zwischen alt und neu

UMBAU UND SANIERUNG EINER WIESBADENER VILLA

Die umgebende Bebauung des Sonnenberges gehört zu den schönsten und begehrtesten Wohngebieten in Wiesbaden. Die Villa auf dem Grundstück Idsteiner Straße wurde 1928/30 erbaut. Die Umbau- und Modernisierungsmaßnahmen der Villa, mit zwei Vollgeschossen und Walmdach mit flach geneigtem Dachüberstand, bezogen sich im Wesentlichen auf die Zusammenlegung der oberen Geschosse, die Verknüpfung verschiedener Räume, der Ausbildung einer Loggia im Süden und einem neuen Fassadenanstrich.

Ausblick aus der Loggia

Detail der Loggia

Das erste Obergeschoss und das Dachgeschoss wurden durch eine interne Treppe miteinander verbunden. In zahlreichen Räumen wurden die Zugangssituationen durch neue Türdurchbrüche verbessert und neue räumliche Verknüpfungen geschaffen. Der zentrale Essbereich wurde, mit dem Wohnzimmer auf der einen und dem Arbeitszimmer auf der anderen Seite, mit Glasschiebetüren verknüpft und somit ein großzügiges offenes Raumkontinuum geschaffen.

Der hochwertige Innenausbau umfasste alle Bereiche, inklusive der Haustechnik. So wurden unter anderem sämtliche Innentüren durch neue aus Vollholz nach historischem Vorbild ersetzt, alle Innenwand- und Deckenflächen neu mit mineralischem Putz und Farbanstrichen versehen und die Holzfußböden geölt.

Die Dachgaube im Süden wurde zu einer Loggia mit geringer Tiefe umgebaut. Durch diese Maßnahme wurde die Belichtungssituation im Dachgeschoss verbessert und der malerische Blick über Wiesbaden bis hin nach Mainz gerahmt.

Das Loggia-Geländer ist als V2A-Edelstahl-/Glasgeländer ausgeführt um das ursprüngliche Dachbild so wenig wie möglich zu verändern. Im Zuge dieser Maßnahme wurde die Dachfläche im Süden wieder mit Naturschiefer gedeckt. Die Kastenfenster wurden behutsam durch neue hochwärmedämmende Holzfenster mit Umfassungszargen ersetzt und für eine noch nicht realisierte Wärmedämmung der Fassade vorgerüstet.

Im Zuge weitreichender Umbaumaßnahmen der Villa waren eine neue Garage sowie ein neuer Carport zu erstellen. Da die Bäume entlang der Idsteiner Straße unter Denkmalschutz stehen, waren die Baumwurzeln während der Baumaßnahmen zu schützen.

Ansicht der Villa aus dem Jahr 1930

Doppelparkergarage mit Parklift und neuem Zugang zum Grundstück

Im südwestlichen Grundstücksteil wurde anstelle der Einfachgarage eine Doppelparkergarage mit Parklift für abhängiges Parken auf zwei Grundstücksgrenzen mit einem neuen Zugang zu dem Grundstück errichtet.

Das Gebäude und die verbindende Treppe zum Grundstück wurden in Sichtbetonqualität aus WU Beton erstellt. Das Garagenrolltor wurde mit einem grauen Farbton angelegt. Der Carport wurde als Stahlkonstruktion auf der nordwestlichen Grundstücksgrenze errichtet. Die Sockelwandscheiben wurden ebenfalls in Sichtbetonqualität erstellt. Die leichte Konstruktion des Carports erhielt einen grauen Farbanstrich, wodurch sich die offene Konstruktion zurückhaltend verhält und auch Durchblicke auf das Grundstück zulässt.

Beide Dachflächen wurden als fünfte Fassaden extensiv begrünt ausgeführt, wodurch die bepflanzte Fläche auf dem Grundstück nicht nur erhöht, sondern auch ästhetisch aufgewertet wurde. Beide Zufahrten wurden mit einem Öko-Pflaster versehen.

FAKTEN

Umbau einer Villa in Wiesbaden
Baujahr 2008

Architekt
Max Pasztory
Eschersheimer Landstraße 61-63
60322 Frankfurt
Telefon 01 60-95 33 90 56
E-Mail max@pasztory.de
www.pasztory.de

Wohnfläche 365 m²

Fotos Max Pasztory

BESONDERHEITEN

- Zusammenlegung von Obergeschoss und Dachgeschoss mit Einbau einer großen Loggia nach Süden ergibt eine neue großzügige Wohnqualität des Wohnhauses.
- Innentüren aus Vollholz wurden nach historischem Vorbild neu gefertigt und eingebaut.
- Alle Holzfußböden wurden geölt und nicht versiegelt um eine bessere Raumluftqualiät zu erreichen.
- Mineralische Putze und Farbanstriche im Innenbereich
- Einbau eines Regenwasserversickerungsfähigen Pflasters (Ökopflaster)

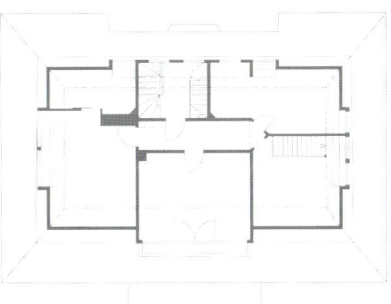

Grundriss Dachgeschoss

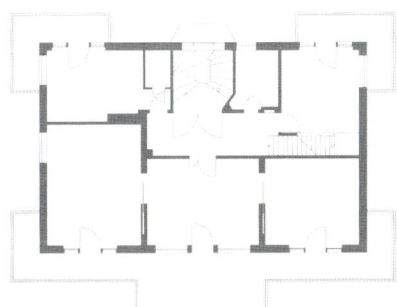

Grundriss 1. OG

Großzügig wohnen auf dem Pferdehof

ANBAU AN EIN WOHNHAUS IN GRÜNBERG-WEITERSHAIN

Das dörfliche Anwesen besteht aus dem Wohnhaus von 1930, einer historischen Scheune, in der die Pferde der Bauherrschaft untergebracht sind, und dem Neubau, der an Stelle eines baufälligen Stallgebäudes errichtet wurde. Neubau und Bestand gruppieren sich ortstypisch um einen sich zur Straße hin öffnenden Hof. Besonders reizvoll ist der auf dem Grundstück selbst und in der Nachbarschaft vorhandene Baumbestand.

Das Grundstück zeichnet sich durch einen reizvollen vorhandenen Baumbestand aus

Die Innenräume sind lichtdurchflutet und beziehen den Aussenraum mit ein

Mit diesem Anbau wird das bereits vorhandene Wohnraumangebot erweitert. Wie das bestehende Wohnhaus, so verfügt auch der Anbau über ein Sockelgeschoss, in dem die Nebenräume (hier: Garage und Lager) untergebracht sind. Darüber befindet sich die über eine Brücke mit dem Bestand verbundene, zusammenhängende Wohnebene. Im Altbau („Nachthaus") befinden sich vorwiegend die Individual- und Schlafräume. Der Neubau („Taghaus") enthält vor allem die gemeinschaftlichen „tagaktiven" Wohn- und Arbeitsbereiche.

Die Innenräume des Anbaus verfügen im Vergleich zum Altbau über eigenständige Qualitäten: Sie sind lichtdurchflutet und beziehen den Aussenraum stärker mit ein. So gelangt man vom Anbau aus über eine Gartenterrasse und die auf die gesamte Hausbreite angelegte Freitreppe direkt in den Obstgarten. Dem Arbeitsbereich ist ein überdeckter Balkon mit Blick auf die Scheune vorgelagert. Im Sommer entwickelt die Aussicht rundherum aus den Fenstern und Fenstertüren ihren größten Reiz, da sich die Wohnebene bereits auf Höhe der Baumkronen befindet.

Der Anbau ist über eine eigene Aussentreppe separat erschlossen. Bei Bedarf können deshalb aus der zusammenhängenden Einheit zwei autarke Wohnungen gemacht werden. Dazu muss nur die Verbindung zwischen Altbau und Neubau gekappt und die dafür bereits vorinstallierte Kochzeile im Anbau realisiert werden.

Zur Verwirklichung einer ökologisch zeitgemäßen Bauweise wurden ausschließlich natürliche und gesundheitlich unbedenkliche Materialien verwendet. Die Dämmung aus hochwertiger Mineralwolle ist im Bereich der Außenwände mit einer Stärke von 16 cm, im Dach mit 30 cm, realisiert. Die weit auskragenden Dächer liefern im Bereich der großen geschosshohen Verglasungen den baulichen Sonnenschutz. Im Anbau ist eine Fußbodenheizung realisiert, im Altbau wurden die bestehenden Radiatoren beibehalten. Die Wärme wird regenerativ erzeugt über einen im Keller des Altbaus befindlichen Scheitholzkessel mit Saugzuggebläse. Auf dem extensiv begrünten Dach befinden sich auch die Sonnenkollektoren für die Brauchwassernutzung.

Auf dem Sockelgeschoss aus sichtbar belassenem Ortbeton sitzt das in Holzrahmenbauweise hergestellte Erdgeschoss

Fenster und Türen reichen sturzlos bis zur Decke

Das Sockelgeschoss des Anbaus wurde in sichtbar belassenem Ortbeton realisiert. Darüber befindet sich das in vorgefertigter Holzrahmenbauweise hergestellte hochgedämmte Erdgeschoss. Als Wetterhaut dient eine hinterlüftete Schalung aus unbehandelten einheimischen Lärchenbrettern, die nach und nach ganz natürlich vergraut. Die isolierverglasten Fenster und Aussentüren sind aus schiefergrau gestrichenem Massivholz gefertigt.

Im Innenraum sind die Gehbeläge aus Eichenparkett hergestellt. Im Bad ist grau durchgefärbtes Steinzeug verlegt. Fenster und Türen reichen sturzlos bis zur Decke. Einbauschränke, Innentüren, Fensterbänke und Sockelleisten sind aus naturfarbenen und schwarz durchgefärbten Holzwerkstoffen aus MDF angefertig. Die Heizung ist in den Fussboden integriert.

Der Anbau musste möglichst kostengünstig (120.000 Euro) und in kurzer Zeit (Juni bis September) erstellt werden. Deshalb wurde eine einfache Gebäudegeometrie gewählt und die auf dem Prinzip der Vorfertigung basierende Holzrahmenbauweise angewendet.

FAKTEN

Anbau
Baujahr 2004

Entwurfsarchitekten
Kränzle+Fischer-Wasels
Architekten BDA
Mitarbeiter: Nikolaus Kränzle,
Christian Fischer-Wasels,
Jens Mergenthaler
Werderplatz 37
76137 Karlsruhe
Telefon 07 21-4 13 89
info@kraenzle-fischerwasels.de
www.kraenzle-fischerwasels.de

Grundstücksfläche	1.802 m²
Nutzfläche	75 m²
Wohnfläche	91 m²
Kosten pro m²	789,- €

Fotos Christian Fischer-Wasels

BESONDERHEITEN

- Neubau eines lichtdurchfluteten „Taghauses" (Wohnräume) als Ergänzung zum bestehenden „Nachthaus" (Individual- und Schlafräume)
- behutsames Einfügen des Neubaus in die dörfliche Struktur
- Verbindung von Altbau und Neubau über eine Brücke – Neubau separat erschlossen
- Flexibilität: aus der zusammenhängenden Einheit können mit wenig Aufwand zwei autarke Wohneinheiten gemacht werden
- vorgefertigter hochgedämmter Holzrahmenbau
- Verwendung von natürlichen Baumaterialien
- begrüntes Flachdach
- regenerative Wärmeerzeugung (Zentralheizung: Scheitholzkessel mit Saugzuggebläse)
- Sonnenkollektoren auf dem Dach für die Warmwassererzeugung
- kurze Bauzeit, geringe Kosten

Den Himmel gespiegelt

AUFSTOCKUNG EINES BUNGALOWS

Zwei Jahre dauerte die Suche nach dem geeigneten Wohnhaus, bis die Bauherren mit etwas Glück in einem Bungalow aus dem Jahr 1964 in unverändertem Bauzustand und begehrter Wohnlage fündig wurden.

Am großzügigen Grundriß war nicht viel zu ändern: Aus der kleinen Küche wurde ein offener Bereich zwischen Esszimmer und Küche geschaffen und statt dem offenen Kamin von früher strahlt nun ein Grundofen gemütliche Wärme ab.

Und dennoch: Um das Gebäude in ein Haus zu verwandeln, das heutigen Wohnansprüchen genügt, wurden die gesamte Elektroinstallation erneuert, sämtliche Wände gespachtelt und die damals „trendigen" dunklen Nut- und Feder-Abhängdecken entfernt. An ihre Stelle traten abgehängte Gipskartondecken, die ein helles Ambiente schufen und Freundlichkeit in die Räume brachten. Alle Böden bekamen einheitlich geöltes Nussbaumparkett.

An der Außenfassade ersetzen nunmehr engobierte Ziegelplatten die ehemals typischen dunkelbraunen Nut- und Federbretter. Auch der mittlerweile in die Jahre gekommene Baumbestand des Grundstücks wurde gelichtet.

Inzwischen wurde der bestehende Bebauungsplan ein wenig geändert, sodass schließlich eine Aufstockung des Bungalows mit einem zweiten Geschoss ohne weiteres genehmigt werden konnte. Damit konnte dem gestiegenen Platzbedarf der jungen Bauherrenfamilie Rechnung getragen und weitere Wohnwünsche erfüllt werden.

Bei den folgenden Bauarbeiten hatten dann auch alle „Bausünden" in Sachen Wärmebrücken keine Chance mehr: Das gesamte Flachdach und die Dachränder des „Altbaus" wurden mit Wärmedämmung in zeitgemäßer Dämmstoffstärke versehen und tragen nun zur Halbierung des ursprünglichen Energiebedarfs trotz der Flächenvergrößerung bei.

Die Aufstockung wurde als außenseitig gedämmte Massivholzkonstruktion aus 95 mm dickem Kreuzlagenholz errichtet. Auch das Flachdach der Aufstockung wurde mit Kreuzlagenholz realisiert, womit die Verwirklichung der auskragenden Dächer problemlos möglich war. Durch das Versenken der Fensterprofile in der Massivholzdecke konnte die schwebende Wirkung des Daches erzielt werden.

Die blanken Edelstahlplatten als Fassadenverkleidung spiegeln zudem Himmel und Bäume wider und entmaterialisieren dadurch die Aufstockung. Durch Respektierung des Baumbestandes passt sich der Neubau perfekt in die Umgebung ein und erweckt den Eindruck, schon immer vorhanden gewesen zu sein.

Die weit auskragenden Vordächer verhindern neben den schattenspendenden Bäumen eine Aufheizung im Sommer und gewährleisten in den übrigen Jahreszeiten die Nutzung passiver Solarenergie. Durch die Grundrissgestaltung ist eine spätere Nutzung als Appartement, zusätzlicher Wohnraum oder von außen erschlossenes Büro möglich. Flexibilität, die heute immer mehr gefragt ist.

FAKTEN

Bungalow Baujahr 1964
Aufstockung 2006

Architekt
Architekturbüro Rainer Drasch
Kornfeldstraße 2
86356 Neusäß-Steppach
Telefon 08 21-4 10 13 01
drasch@the-architect.biz
www.the-architect.biz

Wohnfläche EG 132 m²
Aufstockung 64 m²

Fotos Rainer Drasch

BESONDERHEITEN

- Grundofen als Zusatzwärmequelle (Strahlungswärme) in den Wintermonaten
- Geöltes Nussbaumparkett
- engobierte Ziegelplatten an der Außenfassade
- Aufstockung eines Geschosses mit vorgefertigten Massivholzkonstruktions-Elementen aus 95 mm dickem Kreuzlagenholz mit außenseitiger Wärmedämmung
- Halbierung des Energiebedarfs durch Wärmedämmmaßnahmen im Bestand

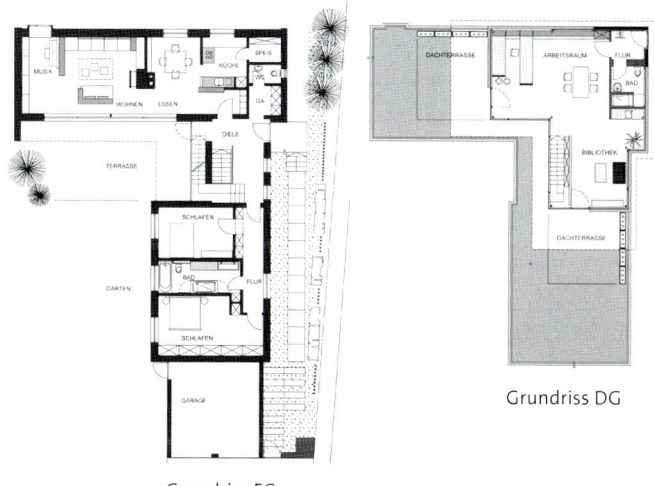

Grundriss EG

Grundriss DG

Das gesunde Raumklima

Faktoren, die das Wohlbefinden in Wohnräumen beeinflussen

Wärmedämmung und Schimmelpilz-problematik

Haben wir zu dicht eingepackte Häuser?

Ein vernünftiges Maß an Wärmedämmung erreichen

Die energieeffiziente Wärmedämmung unserer Häuser wird angesichts stetig steigender Öl- und Gaspreise auch rein wirtschaftlich immer notwendiger. Die angebotenen Fördermaßnahmen und Gesetze für Neubau und Sanierung durch die Bundesregierung zeigen uns wo es langgeht in der CO_2-Klimapolitik. Nach der neuen Energieeinsparverordnung (EnEV) von 2009 sind wir gezwungen, unsere Häuser bestmöglich zu dämmen. Die darin geforderten Höchstwerte in der EnEV sind nur mit enormen Schichtdicken der Wärmedämmung zu erreichen. Aber das reicht noch nicht aus.

Die Bundesregierung plant in den nächsten Jahren eine nochmalige Erhöhung von Energieeinsparmaßnahmen durch Wärmedämmung um vermutlich 30 %. Die heute gültige Energieeinsparverordnung verlangt ein Gesamtkonzept für den Neubau. Oft kombiniert mit einer Wirtschaftlichkeitsberechnung.

Ein Nachteil dieser energieeffizienten Gesetzesmaßnahmen ist ein Anstieg der Baukosten, aber auch eine nicht zu unterschätzende Fehleranfälligkeit in der Planung solcher Bauten. Von gesundheitlichen Nachteilen durch Planungsfehler bei Altbausanierung und Neubau ganz zu schweigen. Das führt in den Medien zu Überschriften wie „Dämmen wir uns zu Tode?" oder „Energie gespart, dafür Pilzsporen in der Lunge?".

Da jedes Haus vom Wandaufbau unterschiedlich zu bewerten ist, sollte man bei der Planung unbedingt Fachleute zu Rate ziehen. Über das Internet erhalten Sie die Auflistung zertifizierter Energieberater, Bauphysiker oder zertifizierter baubiologischer Energieberater.

Spricht man mit Fachleuten der Baubranche, so ist der allgemeine Konsens, dass ein vernünftiges Maß an Wärmedämmung, verbunden mit dem richtigen Heizsystem und einer natürlichen Belüftung, ein gesundes Wohnraumklima ermöglichen.

Auch bei der Altbausanierung bzw. einer nachträglichen Wämedämmung der Außenwände sind Details einer fachgerechten Ausführung entscheidend. Die Dicke der Wärmedämmung ist dabei abhängig vom Dachüberstand. Welches Material für die Wärmedämmung ausgesucht wird, hängt von den eigenen ökologischen oder nicht-ökologischen oder auch baubiologischen Ansprüchen der Hausbesitzer ab. Beim Anbringen einer nachträglichen Wärmedämmung ist darauf zu achten, dass eine Wärmebrücke der Innen-/Außenfensterbank verhindert wird. Oftmals müssen die Regenfallrohre nach dem Anbringen der Wärmedämmung neu gesetzt werden und die Fensterbänke müssen angepasst werden. Es ist also nicht nur die nachträgliche Wärmedämmung im Altbau, die Kosten verursacht.

Wichtig ist das Ergebnis Ihrer Maßnahmen für die Energieeinsparung! Sollten Sie nach der Sanierung in einem Thermoskannen-Klima leben und fängt es an in Ihrem Haus muffig zu riechen, dann haben sie die falschen Entscheidungen getroffen! Daher ist bei der Altbausanierung das Hinzuziehen von Fachleuten vor der Sanierungsmaßnahme sehr zu empfehlen. Allgemeine Empfehlungen, welche Wärmedämmstoffe und welche Stärken z. B. bei einem Wohnhaus der 1950er oder 1970er Jahre möglich sind, können pauschal nicht ausgesprochen werden. Als baubiologische Empfehlung kann man aber auf diffusionsfähige Dämmstoffe aus nachwachsenden Rohstoffen verweisen. Es ist darauf zu achten, dass trotz Wärmedämmung des Hauses eine saubere, unbelastete Atemluft erhalten bleibt. Das ist mittlerweile nicht mehr selbstverständlich, sondern eine Forderung, für die man kämpfen muss.

Experten raten: lüften, lüften, lüften...

Schimmelpilzbelastung in hoch wärmegedämmten Neubauten

Schimmelpilzvorkommen gibt es in der freien Natur, in unseren Lebensmitteln und mittlerweile auch in unseren so gut wärmegedämmten Wohnungen und Häusern. Nur hat er hier nichts verloren und ist auch für unser Immunsystem sehr schädlich. Je nach Art des Pilzes kann er für den Menschen auch sehr gefährlich werden. Menschen reagieren jedoch unterschiedlich auf Vorkommen von Schimmelpilzen in Wohnungen. Manche Personen reagieren bereits bei sehr geringen Vorkommen von Pilzsporen sehr heftig und andere leben über Jahre mit einer hohen Schimmelpilzbelastung in der Wohnung und merken es gar nicht. Jeder Organismus reagiert individuell auf solche Einflüsse.

Menschen, die auf Schimmelpilze nicht unmittelbar reagieren könnte man fast beneiden – so scheint es zumindest. Für die anderen kann eine unentdeckte Schimmelpilzbelastung in der Wohnung zu einem Alptraum werden und zu einem langen Leidensweg, mit zahlreichen Besuchen in Arztpraxen, führen.

Zu den gesundheitlichen Auswirkungen zählen ausgetrocknete Schleimhäute, tränende und juckende Augen oder auch Fließschnupfen, Durchfallerkrankungen, Kopf-, Muskel- und Gelenkschmerzen, Neurodermitis, Konzentrationsschwäche, Bronchialasthma, starker Husten und ständige Müdigkeit bis hin zur Depression. Um nur einige der auffälligsten Symptome zu nennen.

Bei einem Auftreten der oben aufgeführten „Krankheitserscheinungen" sollte man sein Wohnumfeld genauer in Augenschein nehmen. Denn es müssen keine Stockflecken in den Ecken oder auch schwarze Schimmelpilzsporen unter den Tapeten zu sehen sein, und trotzdem kann bereits eine Belastung der Raumluft durch Sporen vorhanden sein.

Die Problematik bei Schimmelpilz-Befall einer Wohnung ist nicht für alle Menschen dieselbe. Es ist wissenschaftlich unumstritten, dass Schimmelpilz allergische Reaktionen auslösen und zur Beeinträchtigung unserer Gesundheit führen kann. Es gibt drei Kategorien von Gesundheitsgefahren, die durch Schimmelpilze hervorgerufen werden:

- Allergien (Mykoallergosen)
- Infektionserkrankungen (Mykosen)
- Vergiftung durch Mykotoxine (Mykotoxikosen)

Schimmelpilze benötigen zum Wachstum eine Temperatur von ca. 20 Grad Celsius und eine relative Luftfeuchte von über 70%. Bei diesen Gegebenheiten gedeihen sie prächtig. Pilze brauchen also Wasser zum Wachsen und Überleben. Gegebenenfalls legt der Schimmelpilz Notzellen an um „Trockenzeiten" zu überstehen und vielleicht im nächsten Winter an gleicher Stelle in der Wohnung schon wieder aufzutreten.

Überprüfen Sie kontinuierlich Ihre Raumluft mit einem Hygrometer. Eine relative Raumluftfeuchte unter 50% ist bei Verdacht auf Schimmelpilzbefall zu empfehlen. Damit der Pilz keine Entstehungsgrundlage hat und sich nicht wohlfühlen kann ist immer für einen guten Luftaustausch zu sorgen. Überschüssige Luftfeuchte muss unbedingt aus der Wohnung entweichen können.

In einem Drei-Personen-Haushalt befinden sich täglich ca. 12 Liter Wasser in der Raumluft, die abtransportiert werden müssen. Pro Stunde sollte das Fenster 3 bis 10 Minuten weit geöffnet werden, weil der Luftaustausch eines gekippten Fensters oft nur sehr gering ist.

Durch das Lüften mit offenem Fenster entweicht viel Wärme. Aber es ist wichtig zu lüften und dabei an die eigene Gesundheit zu denken und nicht an die Öko-Jahresbilanz Ihres Wohnhauses. Eine Schimmelpilzsanierung des Wohnhauses ist übrigens teurer als die Heizkosten die zum Fenster hinaus entweichen.

Das Thema Schimmelpilz in unseren Häusern und Wohnungen beschäftigt sehr viele Fachleute, die um Aufklärung bemüht sind, denn immer dichtere Wände, Dächer, Decken, Fenster und Türen können zu einem Problem mit dem Luftaustausch in unseren Räumen werden. Sollte man in seiner Wohnung oder in seinem Haus Schimmelpilz entdecken, muss man über eine gezielte Maßnahme der Abschaffung dieses Übels nachdenken. Holen Sie sich den Rat von Experten. Nur dann können Sie gezielte Abhilfe schaffen.

Hier einige Beispiele der Vorgehensweise bei Hausuntersuchungen auf Schimmelpilz:

- Luftsammelgeräte und Petrischalen werden von Fachleuten in den Wohnungen aufgestellt.
- Bestimmung der Pilzsporen und Bakterien auf Oberflächen durch sogenannte Abklatschnährböden.
- Materialanalyse auf Pilzsporen und Bakterien.
- Pilze können gasförmige Stoffe an die Raumluft abgeben. Diese heißen in der Fachsprache MVOC. Das sind flüchtig organische Substanzen, die durch Mikroorganismen erzeugt werden. Die Raumluft wird durch beauftrage Fachleute auf MVOC untersucht.
- Bauphysikalische Untersuchung mit Messung der relativen Luftfeuchtigkeit und Messen der Oberflächen- und Materialfeuchte.
- Es gibt Schimmelpilz-Schnüffelhunde (siehe Seite 78). Diese Hunde sind darauf abgerichtet versteckte Pilznester zu erschnüffeln.

Das nachfolgende Interview mit dem Direktor des Umweltbundesamtes, Professor Dr. Heinz-Jörn Moriske, soll zu mehr Aufklärung beitragen.

Fachberatung bei Schimmelpilzbefall:
▶ *www.maes.de*
▶ *www.baubiologie.de*
▶ *www.ism-schadstoff.de*

Schimmelpilze und Wohngifte

Prof. Dr. Moriske vom Umweltbundesamt
über Gesundheitsbelastungen in Wohnräumen

Erhalten Sie beim Umweltbundesamt viele Anfragen von besorgten Bürgern, die Probleme mit der Innenraumluft ihrer neuen, gut wärmegedämmten Häuser haben?

Das Umweltbundesamt erreichen regelmäßig Anfragen von Bürgerinnen und Bürgern, die Probleme mit der Raumluft in ihren Wohnungen oder im Büro haben – darunter auch sehr viele Anrufe, die sich speziell auf Probleme in Neubauwohnungen beziehen, die nach 2002, also nach Inkrafttreten der Energieeinsparverordnung (EnEV) errichtet oder umfassend saniert wurden. Die Ursachen liegen auf der Hand: Zwar führt die energieeffiziente Bauweise – korrekte Planung und Ausführung vorausgesetzt – dazu, dass die gebäudeumhüllende Fläche bauphysikalisch zu einer Verbesserung der Oberflächentemperaturen der Außenwände raumseitig führt und damit raumlufthygienisch von Vorteil ist. Sie führt aber auch zu erhöhter Luftdichtheit, was wiederum die Anreicherung von im Innenraum freigesetzten Stoffen und von Feuchtigkeit begünstigt.

Man hört immer öfter aus den Medien von Schimmelpilzbefall in Neubauten.

Ja! Bauphysikalisch, wie gesagt, sollte dies in modernen Gebäuden eigentlich gar nicht mehr auftreten. Es geschieht dennoch. Die Gründe liegen zum einen darin, dass die modernen, energieeffizienten Gebäude wie beschrieben sehr luftdicht gebaut werden und vom Nutzer produzierte Feuchtigkeit, etwa beim Waschen, Duschen, Kochen oder Ausatmen und Schwitzen nicht genügend durch Lüften aus der Wohnung abtransportiert wird. Viele Leute meinen, dadurch, dass sie ja in einem energiebedarfsarmen Gebäude wohnen, wollen sie nicht selber zum Wärmeverlust beitragen, indem sie übermäßig lüften. Sie lüften dann oft aber eher weniger als früher, was fatale Folgen haben kann. Zuviel Feuchte bleibt im Raum und begünstigt den Schimmelbefall. Chemische Ausdünstungen verbleiben ebenfalls in der Raumluft und führen zu Reizerscheinungen beim Einatmen oder zu Geruchsproblemen. Lüften ist das „A und O" gerade auch in Niedrigenergiehäusern. Der dabei auftretende Wärmeverlust hält sich, das belegen zahlreiche Studien, absolut in Grenzen. Lediglich „Dauerlüften" würde die Bemühungen um den Vollwärmeschutz konterkarieren. Aber das macht im Winter ohnehin niemand.

Gibt es Informationsbroschüren für besorgte Bundesbürger zum Thema Schimmelpilz und Wohngifte? Wo kann man diese erhalten?

Das Umweltbundesamt hat 2002 und 2005 zwei Leitfäden für die Erfassung, Beurteilung und Sanierung bei Schimmelbefall herausgegeben. Eine Broschüre „Hilfe, Schimmel im Haus!" gibt darüber hinaus Tipps für den Verbraucher zur Vermeidung von Schimmelbefall, zum sachgerechten Lüften und zu Sofortmaßnahmen, wenn Schimmel aufgetreten ist. Die Broschüren und Leitfäden sind kostenlos zu beziehen über GVP, Gemeinnützige Werkstätten, In den Wiesen 1-3, 53227 Bonn. Weiterhin hat das UBA mehre Informationsbroschüren zum Thema „Gesünder wohnen" herausgegeben, die ebenfalls über die genannte Adresse oder bei der Pressestelle des UBA, Wörlitzer Platz 1, 06844 Dessau, zu beziehen sind.

Die Bundesregierung fördert aus Klimaschutzgründen den Passivhausbau durch besonders günstige Zinsgebung der KfW. Ist das Passivhaus für Sie das Haus der Zukunft?

Ja und nein! Ja deshalb, weil es damit gelingt, den Primärenergieverbrauch in Gebäuden weiter deutlich zu reduzieren – es gibt sogar bereits erste Prototypen von Gebäuden, die im Betrieb und bei der Nutzung gar keine Energie mehr verbrauchen („Null-Energie"-Haus), oder in

INTERVIEW

Prof. Dr. Heinz-Jörn Moriske

Studium Technischer Umweltschutz an der TU Berlin 1976-1982; Promotion im Fach Umwelthygiene 1986; Wiss. Mitarbeiter an der TU und FU Berlin 1983-1992; Referatsleiter für Innenraumhygiene im Umweltbundesamt (früher im Bundesgesundheitsamt) seit 1993; 2006 Ernennung zum Direktor und Professor; Autor zahlreicher Fachartikel und mehrer Fachbücher; Leiter des Ausschusses Innenraumhygiene beim VDI.

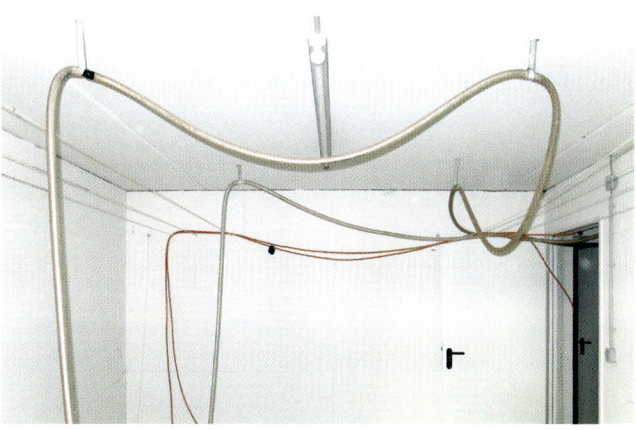

Maßnahme zur Entfeuchtung der Estrichebene einer EG-Wohnung nach Wasserschaden durch Absaugen von Feuchtigkeit über die Kellerdecke

der Gesamtenergiebilanz durch intensive Nutzung regenerativer Energien, Solarstromerzeugung, konsequente Rückgewinnung und Nutzung der im Haus produzierten Abwärme usw. sogar Energie gewinnen. Nein deshalb, weil etwa in der Wärmerückgewinnung auch das Problem liegen kann. Die positive Energiebilanz funktioniert nur, wenn die Luft nicht mehr über die Fenster, sondern über eine zentral gesteuerte Lüftungsanlage mit Wärmerückgewinnung den Räumen zugeführt wird. Werden diese Lüftungsanlagen nicht ordnungsgemäß installiert und – mehr noch – später im Gebrauch nicht regelmäßig gewartet und kontrolliert, kann es zu einer Keimvermehrung im Anlagensystem und zu einer Keimbelastung der Raumluft kommen. Leider ist die unzureichende Wartung und Kontrolle von mechanischen Lüftungsanlagen, wie wir dies aus der jahrelangen Erfahrung mit raumlufttechnischen Anlagen in Büros, Krankenhäusern etc. wissen, keine Ausnahme. Man nimmt an, dass etwa 50 % der Anlagen unzureichend gewartet werden. Es ist zu befürchten, dass dies auch bei zentral gesteuerten Lüftungsanlagen in Passivhäusern nicht anders sein wird. Hier bleibt noch viel zu tun und Aufklärungsarbeit zu leisten.

In den Medien ist immer öfter davon zu lesen, dass Menschen in neu gebauten Energiesparhäusern und Passivhäusern krank werden. Ist der Mensch ein Versuchskaninchen im Passivhaus?

Der Mensch ist sicher kein Versuchskaninchen in Niedrigenergie- und Passivhäusern. Es bedarf aber einer intensiven Aufklärung der Gebäudenutzer, was sie etwa bei veränderten Lüftungsvorgaben zu beachten haben. Ebenso bedarf es einer konsequenten Planung und baulichen Ausführung, damit luftdichte Gebäude später nicht krank machen. Dazu zählt neben sachgerechten Lüftungsmöglichkeiten die Auswahl und der konsequente Einsatz emissionsarmer Produkte im Innenraum. Dies gibt es zum Teil schon, erkennbar an bauaufsichtlichen Zulassungen von Bodenbelägen, die auch Gesundheitsaspekte berücksichtigen („AgBB-geprüft"), an Produkten mit dem „Blauen Engel" oder anderen Gütelabels.

Ist die Verkeimung der Lüftungsanlagen ein Problem in Passivhäusern?

Wie bereits ausgeführt, kann die Verkeimung von Lüftungsanlagen zu einem raumlufthygienischen Problem werden, wenn solche Anlagen nicht sauber eingebaut werden (Staubablagerungen im System), durch falsche Anlagenführung Möglichkeiten für Feuchtenischen geschaffen werden und/oder wenn die Anlagen nach dem Einbau nicht regelmäßig (einmal im Jahr) geprüft und gewartet werden (Filtertausch, Undichtigkeitsprüfung, Inaugenscheinnahme des gesamten Systems).

Welche Position beziehen Sie zu der Sanierung von Schulgebäuden? Sparen wir Energie auf Kosten der Gesundheit der Kinder? Welche Ratschläge haben Sie für die besorgte Elternschaft?

Das Umweltbundesamt hat in seinem Leitfaden zur Innenraumhygiene in Schulgebäuden 2009 die Vorgaben für eine sachgerechte Sanierung von Schulgebäuden gemacht. Diese ist oft dringend erforderlich, da viele Schulen hierzulande mangels finanzieller Möglichkeiten der Kommunen in einem jämmerlichen, zumindest aber in einem baulich deutlich verbesserungswürdigen Zustand sind. Undichte Dächer, Risse in den Wänden, zugige oder kaputte Fenster, defekte sanitäre Anlagen etc. sind nur ein Auszug aus der Mängelliste. Saniert man die Gebäude, sollten dabei auch gleich die energetischen Vorgaben verbessert werden, was seit Inkrafttreten der EnEV 2002 und erst recht seit der verschärften EnEV 2009 auch im Bestand gefordert ist. Hier tritt ein Paradigmenwechsel ein. Energetische Sanierung heißt auch luftdichte Bauweise in Schulen. Dies wiederum kann bei vollen Klassen und selbst wenn in jeder Unterrichtspause konsequent gelüftet wird, wie der UBA-Leitfaden dies fordert, zu einem CO_2-Problem, also zu zu viel Kohlendioxid in den Klassenzimmern während des Unterrichts führen. Reicht Lüften über die Fenster in den Pausen nicht mehr aus, muss die Schule bei der Sanierung auch eine Lüftungsanlage bekommen. Auch dies empfiehlt das Umweltbundesamt in seinem Leitfaden, verbunden aber immer mit der Auflage der konsequenten Wartung und Kontrolle.

Es ist noch nicht lange her, da war in der „Frankfurter Allgemeinen Zeitung" von austretenden Schwefeldämpfen aus Gipsplatten einer Chinaproduktion zu lesen. Tausende amerikanische Hausbesitzer bekamen gesundheitliche Probleme. Man spricht von einem gigantischen Produktionshaftungsfall und vergisst dabei wieder ganz das Leid der Bewohner dieser Häuser. Wie können wir uns schützen?

Der Grauimport von Bauprodukten aus Ländern außerhalb der Europäischen Union, insbesondere des früheren Ostblocks und aus Fernost, birgt raumlufthygienisch oft ein Risiko in sich. Die Vorgaben im Hinblick auf im Produkt verwendete Chemikalien liegen z. B. in China deutlich unter denen, die bei uns herrschen. Beispiele aus der jüngeren Vergangenheit sind hohe PAK-Belastungen (PAK steht hier für krebserzeugende polycyclische aromatische Kohlenwasserstoffe) in Bauprodukten und Produkten des täglichen Bedarfs, bei denen aus Kostengründen als Weichmacher billige Teeröle verwendet werden, Belastungen von Kinderspielzeug mit Chemikalien oder von elektronischen Geräten mit hohen Anteilen an Flammschutzmitteln. Hier hilft nur eine verschärfte Kontrolle und Begrenzung der Importe solcher dubioser Produkte. Der Verbraucher kann ebenfalls selbst zur „Bereinigung des Marktes" beitragen, indem er auch auf Qualität der Ware und nicht nur auf den Preis achtet. Emissionsarme und geprüfte Produkte sind manchmal leider teurer als andere. Unsere Gesundheit sollte es uns jedoch wert sein!

Jährlich werden etwa 4.000-5.000 neue chemische Stoffe auf dem Baustoffmarkt platziert. Wer prüft diese Neueinführungen?

Inzwischen gibt es in Europa die Zulassungspflicht für neue chemische Stoffe nach REACH (Registration, Evaluation, Authorisation and Restriction of Chemicals). Die Industrie muss hier – je nach produzierter Tonnage unterschiedlich – die Unbedenklichkeit der im Produkt verwendeten Chemikalien nachweisen, bevor diese am Markt verkauft werden dürfen. REACH regelt aber leider nur den Zugang neuer Stoffe. Produktionsmengen unter einer Tonne bleiben zudem in der Regel unberücksichtigt. Das Umweltbundesamt fordert hier Nachbesserungen zum Schutz der Verbraucher. Am Markt gibt es überdies eine Vielzahl an Altchemikalien, die ebenfalls bewertet werden müssen. Teils erfolgt dies über das geltende Chemikalienrecht, wie die Chemikalienverbotsverordnung, teils wird versucht, über nachträgliche Begrenzungen des Eintrages in die Raumluft, etwa bei Bauprodukten, eine Verbesserung zu erreichen. Es bleibt aber noch viel zu tun, bis wir sagen können: Alle am Markt erhältlichen Chemikalien, die im Innenraumbereich eingesetzt werden, sind gesundheitlich unbedenklich oder gelangen nachweislich nicht mehr in die Raumluft.

Gibt es eine Empfehlung des Umweltbundesamts zur Auswahl emissionsfreier Baustoffe?

Das Umweltbundesamt empfiehlt im Innenraumbereich den konsequenten Einsatz von Produkten mit dem „Blauen Engel" und mit anderen Umweltgütezeichen. Diese berücksichtigen neben „klassischen" Umweltaspekten auch Gesundheitsaspekte. Der „Blaue Engel" existiert bis heute bereits für eine Vielzahl von Produkten des täglichen Bedarfes – auch und gerade für den Innenraumbereich. Im Bauproduktesektor arbeiten wir daran mit über Begrenzungsvorgaben, die der Ausschuss zur gesundheitlichen Bewertung von Bauprodukten erarbeitet, um die Emissionen flüchtiger und schwer flüchtiger organischer Verbindungen aus Bauprodukten zu begrenzen. In die Zulassung von Bodenbelägen sind die AgBB-Kriterien seit 2005 bereits integriert. Andere Produkte werden folgen.

Welche Empfehlungen können Sie Bewohnern geben, die in einem mit Wohngiften oder Schimmelpilz belasteten Neubau leben? Wohin können sich diese Personen wenden?

Treten Schimmelprobleme in Neubauten auf, sollten sich die Bewohner zunächst fragen, ob sie selber alles richtig machen. Will heißen, richtig und sachgerecht zwei- bis dreimal am Tage kurz für 5-10 Minuten lüften (im Sommer 10-20 Minuten). In allen anderen Fällen können die festgestellten Probleme andere Ursachen haben, wie z. B. Wärmebrücken, Baupfusch, Undichtigkeiten, Wassereinbrüche usw.. Bei den Chemikalien ist die Situation ungleich schwieriger. Durch die Bausubstanz, aber auch durch Raumausstattung, Mobiliar, Reinigungsmittel und Kosmetika können eine Vielzahl chemischer Stoffe in die Raumluft gelangen. Die Abgrenzung, was von wo kommt, kann ein Fachlabor herausfinden. Es ermittelt auch, ob es „nur" riecht (nicht jeder Geruch ist nämlich ein Krankheitserreger) oder höhere Konzentrationen von chemischen Stoffen in der Raumluft vorliegen. Adressen solcher Labors vor Ort hat zum Beispiel das Umweltbundesamt (ohne Validitätsprüfung!). Adressen können auch die örtlichen Gesundheitsämter geben. An diese sollte man sich zunächst auch wenden, da sie die Situation aus der Nähe oft besser beurteilen können. Das UBA kann meistens nur generelle Empfehlungen geben.

Können Sie praktische Tipps zur Innenraumhygiene geben?

Richtig und konsequent lüften, ob in alten oder neuen Gebäuden, hilft bereits viel bei der Beseitigung von Innenraumproblemen – übrigens auch, wenn man an einer Hauptverkehrsstraße wohnt. Auch dort soll und muss regelmäßig gelüftet werden. Eine Auswahl emissionsarmer Produkte beim Bauen und bei Gegenständen des täglichen Bedarfs wird auch in modernen, energieeffizienten Gebäuden eine gesunde Lebensweise ermöglichen. Regelmäßiges Reinigen (feucht nicht trocken, aber auch nicht nass) hilft die Staubkonzentrationen zu begrenzen. Verzichtet man dann noch auf Tabakrauch und andere, selbst eingebrachte Schadstoffquellen, wie Duftkerzen, Räucherstäbchen oder gar Holzkohlengrillen in der Wohnung, kann eigentlich nicht mehr viel schiefgehen. Falls doch, helfen örtliche Stellen und das Umweltbundesamt gern mit Rat und Tat, Tipps und Broschüren.

Mehr Informationen zu den Themen Schimmelpilzprobleme und Wohngifte unter:
▶ *www.umweltbundesamt.de*

Schimmelsuche mit dem Spürhund

Die Hundenase – ein perfektes Messgerät

Schimmelpilzschäden in Innenräumen spielen eine immer größere Rolle im Bausachverständigenwesen. Um diese erfolgreich beheben und sanieren zu können, ist es wichtig, deren Ursache zu klären und abzustellen. Häufiger ist es aber zunächst einmal problematisch, den eigentlichen Schaden einzugrenzen oder sogar zu finden. Mit den herkömmlichen Laboranalysemethoden (Raumluftuntersuchungen, Materialproben, Abklatsch- und Klebefilmproben etc.) kommt man manchmal nicht oder nur langsam zum Ziel. In solchen Fällen, wenn also die Technik nicht mehr weiterhilft, kann der Einsatz eines Schimmel-Spürhundes ein sinnvolles Mittel sein. Dessen Ausbildung verläuft genauso wie die anderer Spürhunde auch. Der Hund wird für einen bestimmten Geruchsstoff sensibilisiert, lernt diesen bis zu seiner stärksten Konzentration zu verfolgen und dort anzuzeigen. Der Vorteil des Spürhundes gegenüber – zum Beispiel – raumlufttechnischen Untersuchungen liegt darin, dass das Ergebnis zum einen sofort vorliegt und zum anderen die Anzeige punktgenau ist. So kann man ggf. auch den Bereich genau eingrenzen, in dem eine Probennahme sinnvoll ist – der Hund agiert also als Unterstützung des Sachverständigen. Meistens werden Spürhunde dann eingesetzt, wenn eine optische Eingrenzung des Schadens nicht möglich ist, denn der Hund zeigt den Befall oft schon an, lange bevor dieser sichtbar ist. Auch dann, wenn ein Pilzbefall z. B. innerhalb von Bauteilen, wie Leichtbauwänden, Vorsatzschalen, Bodenaufbauten oder Abhangdecken, vermutet wird, kann der Hund die Suche gezielt eingrenzen und unterstützen.

Mittlerweile werden Schimmelspürhunde von vielen unterschiedlichen Auftraggebern eingesetzt. Dies reicht von Privatleuten, die z. B. ein schimmelpilzallergisches Kind haben, über Makler und deren Kunden, die schon beim Kauf einer Immobilie einen Pilzbefall abklären möchten, Hausverwaltungen, Bauträger, Krankenkassen, Handwerker und Sachverständige, bis hin zur öffentlichen Hand (Gesundheitsämter, Schul- und Kindergartenträger, Behörden etc.). Grundsätzlich werden Schimmelspürhunde zur Unterstützung des Sachverständigen eingesetzt. Es kann z. B. bei einer gesundheitlichen Beeinträchtigung, wo ein Schimmelpilzbefall vermutet wird, gezielt abge-

klärt werden, ob bzw. wo dieser sitzt. Auch in der Bausubstanzprüfung kann so ein schnelles Ergebnis erzielt werden, wenn die Zeit für Beprobungen fehlt. Auch bei einem sichtbaren Schaden, wo strittig ist, ob es sich um Schimmelpilz handelt, kann der Hund sozusagen eine „Schnellanalyse" liefern. Ausserdem kann der Einsatz eines Schimmelspürhundes auch als Erfolgskontrolle z. B. nach der Sanierung eines Wasserschadens dienen.

Hunde leben seit Jahrtausenden mit Menschen zusammen und ebenso lange macht der Mensch sich ihre Vorteile zunutze, züchtet sie sogar ganz gezielt für bestimmte Aufgaben. Die Hundenase ist ein perfektes „Messgerät", welches wir nach wie vor weder rein mechanisch noch von der Auswertung der Messergebnisse her auch nur ansatzweise nachbilden können. Ein Hund ist ungefähr 100 Millionen Mal geruchsempfindlicher als der Mensch und kann etwa um den Faktor 1000 besser Gerüche differenzieren. Außerdem riechen Hunde „stereo", sie können also rechts und links differenzieren, vergleichbar dem Sehen beim Menschen. Aber Hunde sind eben keine Messgeräte, sondern Lebewesen. Für den Einsatz von Schimmelspürhunden gilt aber in etwa das Gleiche wie für andere Messverfahren auch: das Ergebnis ist nur so gut, wie das eingesetzte Messgerät und die Auswertung der Messwerte. Man sollte also darauf achten, ein seriöses Team aus Hund und Hundeführer einzusetzen, denn der Hundeführer ist für den Erfolg des Einsatzes verantwortlich. Das Team aus Hund und Hundeführer besteht sozusagen aus Nase + Verstand, der Hundführer muss seinen Schützling genau kennen und „lesen" können. Der Einsatz eines gut ausgebildeten Spürhundes liefert reproduzierbare und verifizierbare Ergebnisse und kann bei der Eingrenzung oder Suche eines auch nur vermuteten Schimmelpilzschadens schnell Abhilfe schaffen. Ausserdem ist der Einsatz eines Schimmelhundes meist relativ kostengünstig im Vergleich zu einer reinen laborgestützten Analyse.

Mehr Informationen über Schimmelspürhunde unter:
▶ *www.jacobs-architekten.de*

Grundofen mit glattgespachtelter Putzoberfläche

Die Einflüsse von Heizsystemen auf Gesundheit und Wohlbefinden

Heizen und Gesundheit

Bei Neu- und Umbau für ein reiz- und allergenarmes Innenraumklima durch das richtige Heizsystem sorgen

Die Winterzeit ist für alle Hausstauballergiker eine harte Zeit. Niesanfälle, Halsschmerzen, Jucken der Augen bis hin zu asthmatischen Reaktionen sind zu beobachten. Ausgelöst werden können solche Reaktionen mitunter durch Konvektionswärme von herkömmlichen Heizquellen wie Radiatoren.

Fälschlicherweise wird oft angenommen, dass die Ursache für diese im Winter auftretenden „Reizerscheinungen" die trockene Heizungsluft sei. Aber die eigentliche Ursache ist die ständige Luftumwirbelung und Luftbewegung, die von Radiatoren und Heizkonvektoren verursacht werden (Konvektionsheizungssysteme). Konvektionswärme ist die Übertragung von Wärme durch Luftströmung. Die erwärmte Luft steigt nach oben und die abgekühlte Luft sackt nach unten, wodurch die oben beschriebene Umwälzung der Raumluft mit Staub- oder auch Schadstoffpartikeln entsteht. Besonders auffällig ist dies wenn zum Winterbeginn die Heizkörper aufgedreht werden und die Staubpartikel auf den heißen Radiatoren schwelen und dadurch unangenehme Gerüche entstehen.

Aus Staubpartikeln und Schadstoffen, die an heißen Radiatoren verschwelen, entstehen für die Schleimhäute reizende, gesundheitsschädigende Dämpfe (z. B. Ammoniak). Allergiker sollten solche Räume, die gerade aufgeheizt werden, unbedingt meiden. Das kann sonst zu starken allergischen Reaktionen führen.

In der Natur finden wir zwischen 600 und 1.000 Ionen pro m³ Luft. Aufgeteilt werden diese in 50 % Plusionen und 50 % Minusionen. Großionen kommen in der Natur praktisch nicht vor. Aber was passiert in einem Raum in dem die umwirbelnde Raumluft (Konvektionswärme) sich an Kunststoffböden oder anderen Kunststoffoberflächen im Raum reibt? Es entsteht eine elektrostatische Aufladung. Die Zeitschrift „Ökotest" wies vor einiger Zeit darauf hin, dass z. B. an manchen Laminatböden extreme elektrostatische Aufladungen nachgewiesen werden

Speicherkamin mit externer Verbrennungszuluft und EOS (elektronische Ofensteuerung) gebaut von Stefan Ziegler

konnten. An solchen aufgeladenen Kunststoffflächen werden Mikroorganismen und Stäube zu positiv geladenen Großmolekülen ionisiert. Diese Großmoleküle sind in geladenem Zustand besonders aggressiv und wirken auf unsere Schleimhäute. Daher ist es wichtig, bei einem Neubau oder Umbau ein Heizsystem zu wählen, das möglichst wenig Konvektion verursacht.

Es ist hervorzuheben, dass Strahlungswärme vom Menschen als besonders angenehm empfunden wird. Strahlungswärme durch die Sonne erhalten wir beim „Sonnenbaden". Strahlungswärme ist die Abgabe von Wärme in Form elektromagnetischer Wellen (Infrarotstrahlung), die Stoffwechsel, Durchblutung, Hormon- und Wärmeregulation im Organismus anregen. Es ergeben sich folgende physiologische Vorteile: durch Strahlungswärme wird die Temperatur der Extremitäten auf Körperkerntemperatur

Gotische Feuerstelle mit integriertem Kochherd

erhöht, d.h. es verbessert sich der Stoffwechsel in den Geweben um ein Vielfaches. Jeder der schon einmal in der Nähe eines Kachelofens saß, weiß wie angenehm diese Wärme im Winter zu erfahren ist. Strahlungswärme ist die für den menschlichen Organismus am besten zu verwertende Wärme. Die Raumluft mit Strahlungswärme ist ionenreicher aufgrund höherer relativer Luftfeuchte. Allergiker sollten darauf achten, dass die relative Luftfeuchte der Raumluft nicht unter 30 % fällt, da sonst die Schleimhäute der Atemwege austrocknen.

Vergleichbar mit Strahlungswärme oder einem Kachelofen sind die modernen Wandheizungssysteme, die in Lehm eingeputzt oder direkt auf einer Lehmwand montiert werden. Warmwasser durchfließt Kupferrohrregister oder Kapillarmatten aus Kunststoff, welche unter Putz verlegt werden. Die Wandheizung hat gegenüber dem Kachelofen den Vorteil des höheren Bedienungskomforts und ist weniger träge. Sie ist daher sehr zu empfehlen. Dieses System wird bei Neu- und Altbauten immer öfter verwendet.

Das Besondere an diesen neuartigen Wandheizungssystemen ist, dass man sie im Sommer zum Kühlen einsetzen kann. Nicht nur Bewohner von Dachwohnungen können im Sommer den Vorteil der Kühlung durch diese Systeme nutzen. Von der konstruktiven Umsetzung bedeutet dies allerdings einen gewissen Grad an Mehraufwand durch eine besondere Regelung. Bei privaten Bauten werden diese Flächenkühlungen fast ausschließlich in Kombination mit Wärmepumpen eingesetzt.

Bewertung verschiedener Holzfeuerungsanlagen

Der offene **Kamin** ist gesundheitlich sehr zu empfehlen. Wegen seines geringen Wirkungsgrades (30 Prozent) kommt er allerdings als Hauptheizung nicht in Frage.

Beim **Grundofen**, der Urform des Kachelofens, brennt das Feuer am Grund des Ofens – ohne Ascherost und ohne Aschekasten. Im Grundofen findet eine fast vollkommene Verbrennung mit einem geringen Anteil Restasche statt. Der Grundofen bietet zu fast 50 % reine, angenehme Strahlungswärme. Die Raumluft wird nicht aufgewirbelt und die Luftfeuchte des Raumes beibt fast unverändert erhalten.

Ein **Kachelgrundofen** ist die optimale Wärmequelle, die man in eine Wohnung einbauen kann. Der Vorteil eines Kachelgrundofens ist die Fähigkeit der Wärmespeicherung von ca. 14 Stunden.

Alle Holzfeuerungsanlagen wie offene Kamine, Grundöfen, Kachelöfen oder auch Kaminöfen produzieren Feinstaub. Die Geruchsbelästigung durch Rauchgase für die Nachbarschaft ist ein Faktor, den man nicht unterschätzen sollte, wenn man sich für eines dieser Holzfeuerungssysteme entscheidet. Integrierte Feinstaubfilter können hier Abhilfe schaffen.

Im März 2010 ist die novellierte Kleinfeuerungsanlagenverordnung in Kraft getreten. Diese betrifft rund 14 Millionen deutsche Kamin- und Kachelöfen, die jährlich rund 24.000 Tonnen Feinstaub in die Umwelt abgeben. Besonders bei der Anschaffung von neuen Kleinfeuerungsanlagen wird man darauf achten müssen, dass die neu festgelegten Grenzwerte eingehalten werden.

Das gilt in erster Linie für Kaminöfen mit mehr als vier Kilowatt, die neu eingebaut werden. Historische Öfen, die vor 1950 gebaut wurden, bleiben aufgrund von Bestandschutz bei dieser Novellierung erst einmal außen vor. Für einige Modelle gibt es die Möglichkeit, eine Rauchgasreinigungsanlage nachzurüsten. Hierzu ist immer eine individuelle Prüfung vorzunehmen. Die allgemeine Richtung für die Zukunft ist durch die Novellierung jedoch vorgegeben. Ältere Holzfeuerungsanlagen werden in den nächsten Jahren durch neue umweltschonende Systeme ersetzt.

Alle Öfen und Kamine auf dieser Doppelseite wurden von Stefan Ziegler gebaut (www.ziegler-kachelofenbau.de)

Gesunde Strahlungswärme mit Wandheizungen

Umgebaute Fabriketage mit gerade montierten Klimaelementen. Baudienstleistungen von Alexander Brandt, Kornhochheim

Auf den Fotos sehen wir einen Industriebau der zu einer Wohnung umgestaltet wurde. Das Gebäude ist ein Stahlskelettbau. Die Stahlkonstruktion ist mit Leichtbetonstein (Istzustand) ausgemauert. Die Außenfassade sollte nicht verändert werden, deshalb arbeitete man mit einer zusätzlichen Innendämmung. Die Reduktion der Raumgröße durch die Innendämmung ist bei einem Industriebau in dieser Größe kein Problem. Der Innenausbau erfolgte mit einem Trockenbausystem. Das Trockenbausystem wurde mit Fermacellplatten beplankt. Auf diesen Platten wurden die Klimaelementplatten und Lehmbauplatten aufgeschraubt. Diese wurden dann mit einem Lehmputz versehen, der im oben gezeigten Bild auf der gerundeten Wand ohne Farbanstrich zu sehen ist. Man wollte das Material Lehm als Gestaltungselement des Wohnraumes verwenden.

Die Heizungs- bzw. Klimaelemente sind nach Bearbeitung der Wand mit dem Lehm nicht mehr zu erkennen. Zu spüren ist in den Wintermonaten die angenehme Wärme der Strahlungselemente. Im Sommer sorgen dieselben Klimaelemente für ein gekühltes Raumklima.

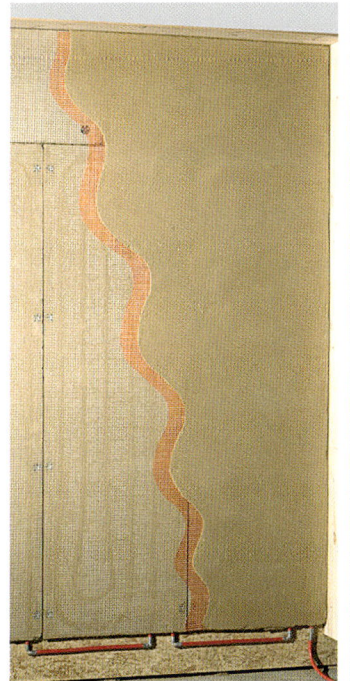

Rohbauansicht der unverputzten Wand mit gewebeüberzogenem Heizregister, Gewebe und aufgebrachtem Lehmputz

Wohnraum mit fertig verputztem Wandheizungssystem

Wandheizungssysteme in der Altbausanierung

Im Jahr 2005 wurde der Dachstuhl des denkmalgeschützten Flößerhauses (Fachwerk, Baujahr 1679) komplett saniert und als Wohnraum nutzbar gemacht. Die Bauherrin entschied sich wegen der größeren Behaglichkeit von Strahlungswärme für den Einsatz eines Wandheizungssystems. Speziell für Holzhäuser, Renovierungen und den Dachgeschossausbau sind Wandheizungselemente aus Lehm entwickelt worden. Die 25 Millimeter starken Wandheizungs-Trockenbauplatten, in die Warmwasser-Heizleitungen integriert sind, lassen sich dank ihrer modularen Bauweise schnell und einfach verarbeiten. Störende Heizkörper gibt es nicht.

Wegen der guten Wärmedämmung des Daches wurden bei dem Ausbau des Rhein-Flößer-Haus nur 18 m² Wandheizflächen benötigt. Das Dach wurde mit einer rund 22 cm starken Zellulosedämmung versehen. Da die gesamte Konstruktion des Dachstuhls typischerweise relativ wenig feuchteregulierende und wärmespeichernde Materialien enthält, sollte dies durch eine Innenschale aus Lehmbaustoffen kompensiert werden.

Mehr Informationen zum Thema Wandheizung unter:
▶ *www.wandheizung.de*

FAKTEN

Ehemaliges Rhein-Flößer-Haus

Fachwerk, Baujahr 1679
Wohn- und Geschäftshaus
Sanierung 1999 bis 2005
Auftraggeber Ingrun Rodewald
Planung und Bauleitung
Architekturbüro bau x 4, Achim Pickl
www.baux4.de
Fotos WEM/Michael Jordan

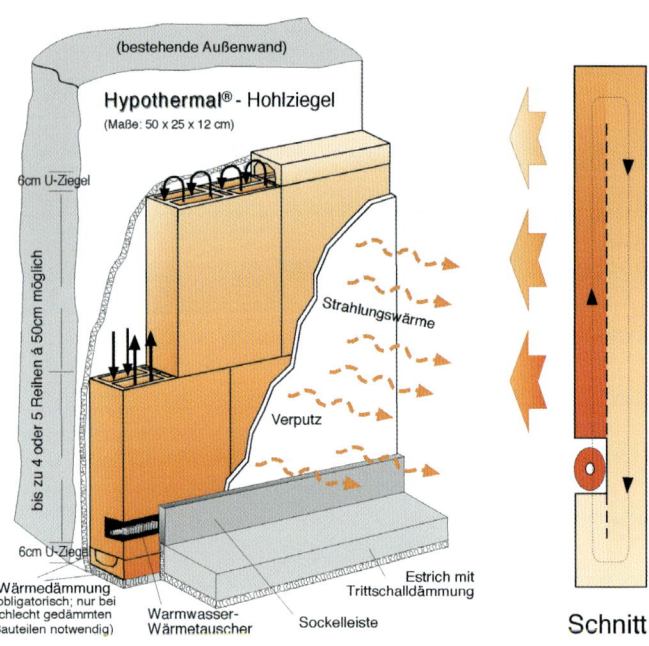

Der geschlossene Warmluftkreislauf in der Ziegel-Vorsatzschale erzeugt eine gleichmäßige milde Strahlungswärme, ohne Staubaufwirbelung in der Raumluft

Bei dieser Wandheizung darf gedübelt und gebohrt werden

Nie mehr trockene, staubige Heizungsluft!

Ähnlich wie bei der Hypocausten-Heizung, die schon die alten Römer kannten, zirkuliert bei dieser Wandheizung warme Luft in speziellen Hohlziegeln. Die oben abgebildete Hypothermal®-Ziegel-Wandheizung besteht aus Doppelkammer-Hohlziegeln, die wie eine Vorsatzschale innen an die Außenwände gestellt wird. Im Sockelbereich verläuft waagrecht in der Ziegelwand ein Wärmetauscher, der wie ein Heizkörper an das wasserführende Heizleitungsnetz angeschlossen wird. Der Wärmetauscher wird mit den gleichen Vorlauftemperaturen betrieben, wie ein Heizkörper. Dadurch lässt sich das System problemlos mit anderen Heizsystemen kombinieren. In der Wand selbst fließt kein Wasser, sondern es zirkuliert warme Luft in einem geschlossenen Kreislauf. So ist das System unanfällig gegen Beschädigungen und es kann sogar in der Wand gebohrt und gedübelt werden. Je nach Dämmstandard werden etwa die Hälfte bis zwei Drittel der Quadratmeter der Raumgröße als Wandheizfläche benötigt. Meist genügen Wandheizsysteme an den Außenwänden zur kompletten Beheizung des Raums. Einzelne Möbelstücke, wie z. B. Kommoden, offene Regale oder Schränke auf Füßen, beeinflussen die Heizleistung nicht.

Die Einsatzgebiete dieser Ziegel-Wandheizung sind vielfältig: Im Neubau erhält man behagliche Wärmestrahlung in allen Wohnräumen und kann auf störende Heizkörper völlig verzichten. Im Holzbau kann das System die Installationsebene ersetzen und zusätzlich durch seine Speichermasse im Sommer temperaturausgleichend wirken. Da das System die Außenwand trocknen und den U-Wert verbessern kann, eignet es sich auch ideal für die Altbau- und Fachwerksanierung. Je nach Wandaufbau sind im Altbau sogar Innendämmungen zwischen Wandheizung und Außenwand ohne Dampfsperren möglich.

Die Ziegel-Wandheizung erzeugt gesunde Wärmestrahlung aus großflächigen, mild temperierten Ziegelwänden, die sich – wie die Strahlen der Sonne – erst unmittelbar auf der Körperoberfläche in Wärme umwandelt, ohne die Raumluft direkt zu erwärmen. Damit wird die ständige Aufwirbelung und Umwälzung von Hausstaub mit den daran gebundene Allergenen sowie eventuell vorhandenen Schimmelsporen und Wohngiften vermieden. Anders als bei vertikal wirkenden Fußbodenheizungen erreicht die horizontale Wärmestrahlung aus der Wand den Körper gleichmäßig von Kopf bis Fuß auf seiner vollen Oberfläche. Die Wärmestrahlung der Ziegel-Wandheizung erlaubt bei größerer Behaglichkeit niedrigere Raumlufttemperaturen. Dies spart wertvolle Energie und bewirkt eine höhere relative Luftfeuchtigkeit.

Mehr Informationen zum Thema Ziegel-Wandheizung unter:
▶ *www.hypothermal.de*

Hightech trifft High Design: Der Pellet Primärofen „daily.nrg®"der in Tübingen ansässigen Firma Wodtke erhielt 2010 den „Red-Dot-Design-Award"

Pelletöfen für eine erdöl-unabhängige Zukunft

Mit dem Einsatz des biogenen Energieträgers Holzpellets wird eine Abhängigkeit von fossilen Engergieträgern reduziert. Holzpellets sind genormte Presslinge aus naturbelassenem Waldrestholz und Stammholz ohne Zugabe von Bindemitteln. Sie besitzen eine hohe Energiedichte und haben einen Heizwert von ca. 5 kWh/kg. Holzpellets sind ein nachwachsender Rohstoff, der nicht zum Treibhauseffekt beiträgt. Bei der Verbrennung wird nur soviel Kohlendioxid (CO_2) freigesetzt, wie beim natürlichen Zersetzungsprozess im Wald ohnehin entstehen würde.

Durch den internationalen Ansatz der ENplus Zertifizierung wird europaweit eine einheitliche Pelletqualität angestrebt. Heimische Brennstoffe überzeugen zudem durch ihre langfristige Verfügbarkeit und Wertschöpfung im eigenen Land bzw. der eigenen Region und somit auch durch kurze Transportwege.

Moderne Pellet-Primäröfen erzielen sehr gute Werte für Energieeffizienz und Schadstoffarmut und erfüllen bereits heute die Grenzwerte von morgen. Zukunftsweisend auf dem Gebiet der Pellet-Primärofen-Technik bei oben gezeigtem Modell ist die neue raumluftunabhängige Luftzuführung, die speziell den Einsatz in Passiv- und Niedrigenergiehäusern mit kontrollierter Wohnraumlüftung zulässt. Eine Nennwärmeleistung von 6 kW ist abgestimmt auf den Wärmebedarf eines hochwärmegedämmten Gebäudes.

Mehr Informationen zum Thema Pelletöfen unter:
▶ *www.wodtke.com*

Stampflehmwand in einem modernen Wohnhaus, Foto Claytec

Zeitgemäße baubiologische Techniken zur Wandgestaltung

Wandgestaltung mit Lehm

Dipl. Ing. Architekt Ulrich Röhlen
über die Vorzüge des Baustoffs Lehm

INTERVIEW

Ulrich Röhlen

ist Mitbegründer und technischer Leiter der Firma Claytec, Fachreferent, Mitautor des Buches „Lehmbau Praxis" und Vorstandsmitglied des Dachverbands Lehm e. V.

Welchen Vorteil bietet ein Lehmputz gegenüber herkömmlichen Putztechniken?

Das wichtigste Argument ist die hohe Attraktivität der Lehm-Oberflächen. Deren ästhetische Wertigkeit ist höchstens mit Holz-Oberflächen vergleichbar. Farbige Lehmbeschichtungen überzeugen auch durch das harmonische Farbspiel der verwendeten Tone, die als buchstäbliche „Erdfarben" eine ruhige und angenehme Ausstrahlung haben. Durch verschiedene Naturzuschläge kann dieses optische Erlebnis noch gesteigert werden.

Technisch gesehen haben Lehmputze erstaunliche Eigenschaften. Ist die Raumluft zu feucht nehmen sie Wasserdampf auf. Bei Trockenheit geben sie diese Feuchtigkeit wieder ab und können so das Raumklima ausgleichen. Darüber hinaus können sie Gerüche reduzieren und haben keinerlei Ausdünstungen. Da wir unsere Häuser immer besser dämmen und in diesem Zug auch die Lüftungsraten reduzieren, werden die Qualitäten der raumumhüllenden Flächen künftig immer bedeutender.

Wo finden Lehmsteine ihren Anwendungsbereich?

Lehmsteine werden primär für die Ausfachung von historischen Fachwerkhäusern eingesetzt. Für diesen Verwendungsbereich haben sie ideale Eigenschaften. Bei Neubauten werden sie für gemauerte Trennwände und trocken gestapelte Schalen eingesetzt. Diese dienen zur Wärmespeicherung, insbesondere bei leichten Holzhäusern. Man kann mit Lehmsteinen auch tragende Wände errichten, dieser Anwendungsbereich spielt jedoch gegenwärtig kaum eine Rolle.

Warum ist die Stampflehmwand zum Design-Baustoff-Objekt geworden?

Die Stampflehmtechnik hat eine interessante Metamorphose erlebt. Von der Ersatzbauweise in Krisenzeiten hat sie sich zu einer Architektur- und Designtechnik entwickelt. Die Ursache liegt in ihrer Schlichtheit. Anscheinend rühren die homogenen und schweren Wände eine Saite in uns an, die für die Präsenz der Masse in einer sich immer weiter in Richtung Hightech bewegenden Architektur empfänglich ist. Darin mag auch der Grund liegen, dass die archaisch anmutenden Stampflehmwände immer wieder mit Stahl und Glas kontrastiert werden. Eine massive Lehmwand wirkt ehrlich und echt.

Kann man Lehmbauplatten anstelle von Gipskarton- oder Gipsfaserplatten verwenden?

Ja, man muss nur einige wenige konstruktive Unterschiede beachten. Die Vorteile: Lehmbauplatten sind Trockenbauplatte und Lehmputz in einem Produkt. Sie erlauben kurze Bauzeiten ohne dass sie Nässe in die Räume bringen würden. Das macht sie besonders für die Modernisierung und den Dachgeschossausbau geeignet. Mit ihnen lassen sich Wände mit hervorragendem Schallschutz realisieren.

Sind Lehmputze für Alt- und Neubau geeignet?

Ja, Lehmputze können auf allen Untergründen eingesetzt werden. Ist der Untergrund zu glatt, so bereitet man die Flächen mit speziellen Grundierungen vor. Gerade Altbauten werden heute immer hochwertiger modernisiert. Innenraumgestaltung mit Naturbaustoffen ist ein großes Thema. Lehmputze gehören hier zu den interessantesten Produkten.

Was ist der Unterschied zwischen einem Lehmputz und einem Lehmanstrich?

Die genannten technischen Eigenschaften sind auf die Tonminerale im Lehm zurückzuführen. Um sie zu erreichen muss auch eine ausreichende Menge Ton vorhanden sein. Anstriche sind wenige zehntel Millimeter dick und bringen entsprechend wenig Tonminerale in den Raum. Lehm-Streichputze und -Farben sind sehr gute Naturanstrichstoffe, auf das Raumklima haben sie jedoch keinen Einfluss.

Mehr Informationen zum Thema Bauen mit Lehm unter:
▶ *www.claytec.de*

Vorteile von Sumpfkalkputzen

Peter Rehberger, Geschäftsführer von wellwall
über Putze und Anstriche aus Sumpfkalk

Was sind die Vorteile eines Sumpfkalkputzes?

Um die Vorteile des Sumpfkalkes verständlich beschreiben zu können sollte vorab erklärt werden, worin der Unterschied zwischen dem Bindemittel Sumpfkalk und einem trocken gelöschten Kalkhydrat besteht. Sumpfkalk wird hergestellt indem der Branntkalk mit Wasserüberschuss gelöscht wird, wobei ein feiner pastöser Kalkteig entsteht. Beim Sumpfkalk ist es so, dass der Kalk die Möglichkeit zum „Reifen" hat und sich immer feinteiliger ausbilden kann. Der gelöschte Kalk kann sozusagen im Wasser sumpfen. Daher auch der Name Sumpfkalk. So entsteht ein Bindemittel das in der Qualität der trocken gelöschten Variante, dem Kalkhydrat, überlegen ist. Sumpfkalk verfügt über ein sehr feinteiliges Porengefüge das dem Putz eine große innere Oberfläche verleiht.

INTERVIEW

Peter Rehberger

ist Geschäftsführer der wellwall GmbH, Mannheim. Er ist maßgeblich an der Entwicklung des Schimmelsaniersystems wellwall dry & colour beteiligt. Das System wurde patentiert und erhielt 2006 den Umweltpreis der Stadt Mannheim.

Im Vergleich zum trocken gelöschten Kalkhydrat weist Sumpfkalk bei allen zur Gestaltung des Feuchteklimas wichtigen bauphysikalischen Kenngrößen die besseren Werte auf. Als die wichtigsten Vorteile des Sumpfkalkes sind wohl folgende Eigenschaften zu nennen:

- Sumpfkalkputz schafft eine ausgeglichene Raumluftfeuchte.
- Er stellt auf Wänden und Decken feuchtepuffernde Oberflächen her.
- Er desinfiziert die Innenraumluft durch seine antiseptische Eigenschaft.
- Reine Sumpfkalkputze setzen keine Emissionen frei, die die Innenraumluft belasten.
- Sumpfkalk neutralisiert die gesundheitsbelastenden Raumluftsäuren.
- Er trägt zu einem gesunden unbelasteten Innenraumklima bei.
- Sumpfkalkputz ist ein Baustoff der den Anspruch der Nachhaltigkeit im hohen Maß erfüllt.
- Sumpfkalkputz ist ein natürlicher Baustoff.

Die Anforderungen an eine attraktive, anspruchsvolle Innenraumgestaltung lassen sich mit Sumpfkalkputzen hervorragend erfüllen. Wenn es um die Gestaltung von Kalkoberflächen in Innenräumen geht bietet reiner Sumpfkalkputz sowohl baubiologisch als auch bauphysikalisch den höchsten Qualitätsstandard.

Ist das Verarbeiten von Sumpfkalkputzen in Kinderzimmern und Asthmatikerwohnungen zu empfehlen?

Ihre Frage nach Sumpfkalkputzen in Kinderzimmern möchte ich mit einem leidenschaftlichen Ja beantworten. Kinder halten sich überdurchschnittlich lange, zum Teil 90% des Tages, in Innenräumen auf. Außerdem ist das Immunsystem bei Kleinkindern noch nicht vollständig ausgebildet. Kinder stellen aus diesen Gründen ganz klar eine Risikogruppe dar. Es ist deshalb ganz besonders auf die Qualität der Raumluft in Kinderzimmern zu achten. Mit Sumpfkalkputzen liegen wir auf der sicheren Seite. Wir bringen zum einen keine Emissionen ein, die die Luft im Kinderzimmer belasten und helfen gleichzeitig, die vorhandenen gesundheitsgefährdenden Stoffe in der Raumluft zu neutralisieren und abzubauen. Aus den verschiedenen Baustoffen, Bodenbelägen, Einrichtungsgegenständen oder Putzmitteln gasen Lösemittel, Weichmacher und andere Stoffe aus. Diesen Risikostoffen sind die sich noch in der Entwicklung befindlichen Organe von Säuglingen und Kleinkindern ungeschützt ausgeliefert. Die aktive Einflussnahme über die Gestaltung eines gesunden Innenraumklimas durch Sumpfkalk-Oberflächen ist ein wichtiger Beitrag für die förderliche Entwicklung unserer Kinder. Neben dieser schadstoffreduzierenden Wirkung hilft Sumpfkalk eine ausgeglichene Raumluftfeuchte sicherzustellen. Diese schont die empfindlichen Schleimhäute. Eine weitere Belastung in Kinderzimmern sind Desinfektionsmittel auf Basis verschiedener Biozide. Leider werden heute gerade diese belastenden Reinigungsmittel zunehmend über die Medien beworben. Der Wahn nach keimfreien Kinderzimmern ist nicht nur völlig überflüssig sondern auch hoch belastend für den kindlichen Organismus. Allergien oder Hautkrankheiten wie Neurodermitis treten heute immer häufiger bereits bei Säuglingen und Kleinkindern auf.

Der ursächliche Zusammenhang dieser Erkrankungen mit der sensibilisierenden oder gar toxischen Wirkung verschiedenster chemischer Stoffe gilt als wissenschaftlich belegt. Deshalb sollte der Einsatz von Bioziden zur Herstellung der Raumlufthygiene tabu sein. Allerdings ist gegen eine Reduzierung von Keimen und Bakterien in der Raumluft der Kinderzimmer auf gesundheitsverträgliche Weise nichts einzuwenden. Sumpfkalkputz-Oberflächen reduzieren Keime und Bakterien in der Raumluft. Durch den ständigen Austausch der Luft aus dem Innenraum in die Sumpfkalkputzschicht und zurück findet eine fortwährende Keim- und Bakterienreduzierung statt. Dies bewirkt der hohe pH-Wert des Sumpfkalkes.

Ein pH-Wert von über 12 hat eine antiseptische Wirkung. Für den absolut größten Teil der Menschen stellt die so gestaltete Raumlufthygiene einen enormen Vorteil dar. Sie wird als spürbar gesundes Raumklima empfunden in dem man sich wohl fühlt. Was ich hier zum Einsatz von Sumpfkalk in Kinderzimmern formuliert habe, gilt grundsätzlich auch für Räume, die von Asthmatikern genutzt werden. Es wird davon ausgegangen, dass die Verbreitung von Asthma bronchiale in Deutschland 5 % der Erwachsenen und bis zu 10 % der Kinder umfasst. Es handelt sich um eine chronische, entzündliche Erkrankung der Atemwege.

Die Wirkung von Sumpfkalkputz auf den Verlauf des Krankheitsbildes der Asthmatiker wurde bisher noch ungenügend untersucht. Was man sagen kann ist, dass durch die Neutralisierung der Raumluftsäuren Allergie auslösende Stoffe abgebaut werden. Dies führt zur Entlastung und beseitigt einen Teil der Ursachen des allergischen Asthmas. Gleiches gilt für das nicht-allergische Asthma. Durch die Beseitigung giftiger oder irritierender Stoffe aus der Raumluft wie Lösemittel oder Weichmacher kann auch hier ein wichtiger Beitrag zur Genesung geleistet werden. Allerdings sollte bei Asthmatikern ebenso wie bei allen Allergikern oder MCS-Erkrankten deren Verträglichkeit auf den ausgesuchten Sumpfkalkputz getestet werden.

Auch wenn sich die absolute Mehrheit in diesen Räumen sehr wohl fühlt, kann es Personen geben die auf Kalk reagieren. In der anfänglichen Trocknungsphase des Sumpfkalkputzes kann die Alkalität der Raumluft in einem Bereich liegen, der von empfindlichen Personen als reizend wahrgenommen wird. In solchen Fällen ist die völlige Durchtrocknung des Baukörpers abzuwarten. Erst dann sollten die betreffenden Personen diese Räume nutzen.

Finden aufgrund der beschriebenen Vorteile Sumpfkalkputze oder Kalkfarben ihren Einsatz in Kliniken?

Bisher finden Sumpfkalkputze und Kalkfarben in Kliniken leider noch kaum Verwendung. Obwohl, wie bereits beschrieben, die hervorragenden Eigenschaften reiner Kalkputze gerade für Kliniken, Arztpraxen oder Pflegeheime einen geeigneten Luftfilter darstellen. Dass Sumpfkalkputz in diesen prädestinierten Bereichen als Problemlöser noch kaum genutzt wird, liegt in erster Linie an der fehlenden Information und an der Unkenntnis über die Möglichkeiten der Gestaltung von Kalkoberflächen. Es wird irrtümlich davon ausgegangen, dass mit Sumpfkalkputz die Anforderung an eine beanspruchbare Oberfläche, wie z. B. die Abwaschbarkeit, nicht zu erreichen ist. Obwohl man zum Beispiel mit reiner Pflanzenseife sehr einfach Kalkoberflächen abwaschbar machen kann. Die Diffusionsfähigkeit bleibt bei einer Verseifung der Oberfläche sogar erhalten. Viele Planer scheuen die Ausschreibung von Sumpfkalk in öffentlichen Gebäuden auch, weil sie davon ausgehen, dass Sumpfkalk keine ausreichende Härte für eine höhere Beanspruchbarkeit erreicht. Natürlich gibt es Bereiche die eine sehr hohe Abriebbeständigkeit der Oberfläche fordern. In solchen Fällen kombiniert man Sumpfkalkoberflächen mit Flächen aus natürlich hydraulischem Kalkputz (NHL). Zum Beispiel könnte der untere Teil einer Wand, also der stärker beanspruchte Bereich, mit einem härteren NHL Kalk-Feinputz gestaltet werden und der obere Teil der Wand sowie die Decken mit einem noch leistungsfähigeren Sumpfkalkputz ausgestattet werden. Obendrein lässt sich diese Kombination in einer attraktiven Raumgestaltung umsetzen.

Damit Sumpfkalk im größeren Umfang in Kliniken zum Einsatz kommt, bedarf es intensiver Aufklärungsarbeit und wir brauchen nachvollziehbare Beispiele aus dem realen Klinikeinsatz. Die Wirkung von Sumpfkalkputz im Klinikalltag ist nicht nur für die Patienten von Vorteil sondern noch mehr für die Beschäftigten, die sich häufig für ihr gesamtes Berufsleben in diesen Einrichtungen aufhalten. Unter dem Gesichtspunkt, dass Kliniken Arbeitsstätten für viele 1000 Beschäftigte sind, spielen Aspekte des Arbeitsschutzes eine wichtige Rolle. So müssten sowohl die Verwaltungen als auch die Interessensvertretungen des Personals geradezu auf den Einsatz von Sumpfkalkputz in diesen Einrichtungen bestehen!

Häuser werden aus Energiespargründen immer mehr eingepackt. Man spricht bereits von einem Thermoskannen-Klima (feucht/warm). Kann die Verwendung von Sumpfkalkfarben gegen Schimmelpilz helfen?

Ein einfacher Sumpfkalkfarbanstrich bringt eine Reihe an Vorzügen gegenüber einem Dispersionsfarbanstrich. Schimmelpilzbefall dauerhaft vermeiden kann ein einfacher Sumpfkalkanstrich jedoch auch nicht sicher gewährleisten. Dafür reicht die Feuchtepufferwirkung eines hauchdünnen Anstriches nicht in jedem Fall aus. Erst wenn wir mit größeren Auftragsstärken arbeiten, die durch einen Sumpfkalkputz erreicht werden können, kommen wir auf die sichere Seite. Sumpfkalkputz ist das geeignete Material, um auf Wänden und Decken einen ausreichenden Feuchtepuffer aufzubringen. Der wellwall Sumpfkalk-Wohlfühlputz wurde von uns in der direkten Schimmelsanierung entwickelt.

Wir haben uns bei dem System auf die Verwendung von Sumpfkalk konzentriert, weil dieses Bindemittel die zur Feuchtigkeitsregulierung besten Eigenschaften aufweist. Unser Sumpfkalksystem wellwall dry & colour, für das wir die Patentrechte erworben haben, stellt ein „System der mehrfachen Sicherheiten©" dar. Wir setzen also nicht nur auf eine oder zwei Eigenschaften, wie die hohe Alkalität oder die gute Diffusionsfähigkeit des Sumpfkalkputzes. Sondern wir sorgen dafür, dass alle bauphysikalischen Eigenschaften, die Schimmelpilzbildung dauerhaft zu verhindern helfen, zum Tragen kommen. Das „System der mehrfachen Sicherheiten©" ist das optimale Verfahren, mit Hilfe von Sumpfkalk dauerhaft Schimmelpilzbefall zu vermeiden. Es funktioniert so: Unser Putz stellt dem Wasserdampf in der Raumluft so gut wie keinen Widerstand entgegen. So kann dieser ungehindert in die Putzschicht aufgenommen werden und reichert sich nicht lange in der Raumluft an. Die Gefahr, dass es zur Kondensation auf Wärmebrücken kommt, wird herabgesetzt. Deshalb betrachten wir die gute Wasserdampfaufnahmefähigkeit als wichtigen Sicherheitsfaktor. Ein weiterer Helfer ist die schnelle und hohe Wasseraufnahmefähigkeit. Sollte es zur Kondensation von Wasserdampf auf kalten Wandflächen kommen, so liegt Wasser in flüssiger Form vor. Hier kommt es dann auf die rasche Aufnahmefähigkeit durch kapillare Leitfähigkeit des Putzes an. So wird Staunässe auf den Oberflächen verhindert. Das Wasser wird sofort aufgenommen und ins Putzinnere befördert. Deshalb stellt die kapillare Wasseraufnahmefähigkeit einen weiteren Sicherheitsfaktor dar. Ein weiterer Sicherheitsfaktor, der Schimmelpilzbildung entgegenwirkt, ist, dass der Putz keinerlei organische Bestandteile beinhaltet. Er verfügt also über kein für Schimmelpilze verwertbares Substrat.

Auch der hohe pH-Wert von 12,6 bringt Sicherheit ins System ein, der dem wellwall Sumpfkalkputz-Wohlfühlputz eine antiseptische Wirkung verleiht. Weitere bauphysi-

Sumpfkalkputz in einem Architektenwohnhaus

kalische Eigenschaften, die als zusätzliche Sicherheitsfaktoren zu betrachten sind, stellen die enormen Sorptionskräfte des Putzes dar, sowie die hygroskopischen Eigenschaften des Materials. Mein Versuch, das „System der mehrfachen Sicherheiten©" hier in der vorgegebenen Kürze zu beschreiben birgt die Gefahr, komplexe Zusammenhänge zu vereinfacht darzustellen oder den Leser mit einer gebündelten Informationsfülle zu überfordern. Mein Fazit: Wer Innenräume dauerhaft schimmelsicher gestalten will muss sicherstellen, dass die Eigenschaften des Sumpfkalkes im vollen Umfang ungehindert zum Tragen kommen.

Braucht der Holzständerbau bessere Raumluftwerte?

Nach neuesten Meinungsumfragen würden 70 % der deutschen Bevölkerung gerne ökologisch, nachhaltig und mit dem nachwachsenden Rohstoff Holz bauen. Der Holzständerbau wird allgemein als gesunde Bauweise betrachtet. Dennoch sind im modernen Holzbau zunehmend Risikostoffe festzustellen. Die Überschreitung von Richtwerten in neu erstellten Holzgebäuden entsteht großteils durch natürliche Emissionen aus Holz und Holzwerkstoffen. Der Holzständerbau benötigt dringend Oberflächenmaterialien die in der Lage sind die Raumluftqualität dauerhaft zu verbessern. Sumpfkalk-Oberflächen sind in der Lage Schadstoffüberschreitungen sicher zu vermeiden. Eine Messstudie die wir gemeinsam mit dem IQUH Institut (Institut für Qualitätsmanagement und Umfeldhygiene) und dem Nürnberger Umweltlabor Competenza durchgeführt haben, belegt eindrucksvoll die Schadstoff minimierende Eigenschaft unseres reinen Sumpfkalkputzes. In einem konventionell errichteten Holzständerbau konnten wir über Raumluftmessungen den Nachweis erbringen, dass sich bereits unmittelbar nach dem Aufbringen der Kalkbeschichtung die Werte der Schadstoffbelastung in der Raumluft drastisch verringert haben. Die TVOC Messung zum Beispiel brachte hervor, dass diese Gruppe der Lösemittel um über 90 % reduziert wurden. Sumpfkalk ist in der Lage die gesundheitsschädlichen Raumluftsäuren zu neutralisieren bzw. abzubauen. Die Werte unserer Praxisstudie belegen deutlich die Notwendigkeit einer festen Partnerschaft von Kalk und Holz. Kalkoberflächen können sinnvolle, ökologisch und ökonomisch günstige Lösungen darstellen, mit denen der Holzbau die Richtwerte für Innenräume (TVOC-Richtwerte) nicht nur erreicht, sondern die Vorgaben des Gesetzgebers deutlich und sicher unterschreitet. Hier benötigen wir aber dringend noch mehr fundierte und wissenschaftlich anerkannte Gutachten und Messwerte. Deshalb beteiligen wir uns an den Behaglichkeits- und Emissionsstudien des IQUH Instituts. In einer Best-Practice Studie werden im Vergleich verschiedenartige Baukörper aus Holzwerkstoffen mit unterschiedlichen Innenwandbeschichtungen untersucht. Der Holzbau mit seinen unterschiedlichen Holzwerkstoffen und Aufbauten stellt sehr differenzierte Anforderungen an die Oberflächenbeschichtung. Wenn ein hervorragender Werkstoff wie reiner Sumpfkalk verstärkt im Holzbau Einzug halten soll, dann brauchen wir nicht nur bauphysikalisch und baubiologisch einwandfreie Lösungen, sondern wir müssen dann auch sicherstellen, dass diese Empfehlungen technisch einwandfrei dauerhaft funktionieren. Da sind alle Beteiligten gefordert. Wir gehen davon aus, dass das Moto „Kalk trifft Holz" in den nächsten Jahren alle, die im Holzbau tätig sind, beschäftigen wird. Ob sich der Holzbau weiter durchsetzen kann wird letztlich auch durch die Frage entschieden, wie die Raumluftwerte deutlich und nachhaltig verbessert werden können.

Ist jeder Untergrund für einen Sumpfkalkputz geeignet?

Heute finden wir die vielfältigsten Bauweisen und noch mehr unterschiedliche Wandaufbauten vor. Um auf den verschiedenen Untergründen Sumpfkalkputz aufbringen zu können bedarf es jeweils einer geeigneten Untergrundvorbehandlung. Grundsätzlich gilt, dass wir nach erfolgter Vorbehandlung Sumpfkalkputz auf alle Wand- und Deckenflächen aufbringen können. Dies sollte man dem geübten Fachhandwerker überlassen, der auch die Beurteilung des Untergrundes sicher vornehmen kann.

Sind Zusatzstoffe in ihren Sumpfkalkprodukten vorhanden?

Unsere Sumpfkalkprodukte sind frei von synthetischen Zusatzstoffen. Wir nutzen als alleiniges Bindemittel den Sumpfkalk. Ganz konkret ist unser patentierter Sumpfkalk-Wohlfühlputz „wellwall dry" aus folgenden Inhaltsstoffen zusammengesetzt: Dem reinen Sumpfkalk werden weißer Marmorsand, expandierter Glimmerschiefer und Blähglasgranulat zugegeben. Mehr ist da nicht drin. Mehr wird auch nicht gebraucht. Jede Beimengung, die dem Kalkputz zugegeben wird, wirkt sich auf die Eigenschaften der daraus erstellten Oberfläche aus. Zwei Beispiele sollen verdeutlichen was ich damit meine: viele Kalkputze erhalten Zusätze die die Wasseraufnahmefähigkeit des Kalkes verringern, die sogenannten Hydrophobierungsmittel. Warum sollte aber ein Kalkputz für Innen überhaupt hydrophobiert sein? Es wird dadurch die kapillare Wasseraufnahmefähigkeit verringert. Im Falle von Kondensationsfeuchte findet hier eine viel geringere und langsamere Wasseraufnahme statt. Was für die Fassade im Außenbereich vielleicht noch sinnvoll sein kann, muss doch nicht zwingend auch für Innen gelten. Hier möchte ich doch die hervorragenden feuchtigkeitsregulierenden Eigenschaften des Kalkes in vollem Umfang nutzen. Ein anderes Beispiel: Wir verzichten bei unseren Sumpfkalkprodukten auf die Beimengung von Zellulose oder Methylzellulose. Da gehören wir am Markt zu den absoluten Ausnahmen. Zellulose oder andere Zusätze zur Erhöhung des Wasserrückhaltevermögens, finden im Kalk Verwendung, um die zu schnelle Austrocknung zu verhindern und damit der Kalkputz mit der Putzmaschine gespritzt werden kann. Was in der Phase der Verarbeitung durchaus sinnvoll sein kann hat aber in der Phase der Nutzung erhebliche Nachteile. Wasserrückhaltende Mittel verschlechtern die Rücktrocknungseigenschaften einer Kalkoberfläche. Außerdem stellen Zellulose und andere organische Zusätze einen Nährboden für Schimmelpilze dar. Es ist also durchaus sinnvoll die Wirkung der einzelnen möglichen Zusätze auf die bauphysikalischen und chemischen Eigenschaften des Sumpfkalkes zu betrachten. Dann kommt man zwangsläufig zu folgender Erkenntnis: Je reiner der Kalkputz desto besser sind seine Eigenschaften. Wir setzen nicht auf chemische Zusätze sondern auf die Qualifizierung des Fachhandwerkers in der Anwendung reiner Kalkprodukte. Man könnte es verkürzt in folgender Formel ausdrücken: qualifizierte Handwerkskunst statt chemische Zusätze.

Jahrtausende waren geübte Fachhandwerker in der Lage mit reinen Kalkmaterialien die haltbarsten Putze und Anstriche aus Kalk herzustellen. Dispersionen, Acrylate und Kunstharze hat da keiner gekannt. Kulturgüter, wie gut erhaltene Freskenmalereien, legen doch eindruckvoll Zeugnis über die Wertigkeit von reinen Kalkoberflächen ab. Heute müssen sich die meisten Fachhandwerker die Anwendungstechnik der Kalkverarbeitung erst wieder aneignen. Dies halte ich für den richtigen Weg. Wir stellen hierfür unser Wissen und saubere hochwertige Kalkmaterialien zu Verfügung. Einfach in der Zusammensetzung, hoch effizient in der Wirkung. Für uns ist die Offenlegung der Inhaltsstoffe bei unseren Produkten eine Selbstverständlichkeit. Heute ist bei der Auswahl von Baustoffen Gottvertrauen nicht angebracht. Man sollte schon genau hinschauen und hinterfragen über welche Inhaltsstoffe ein Material verfügt. Die Offenlegung der Inhaltsstoffe unserer Produkte lassen wir durch das Institut für Qualitätsmanagement und Umfeldhygiene (IQUH) kontrollieren.

Das gesundheitliche Wohl steht immer an erster Stelle. Räume dürfen alles – nur nicht krank machen.

Mehr Informationen zum Thema Bauen mit Sumpfkalk unter:
▶ *www.wellwall.de*

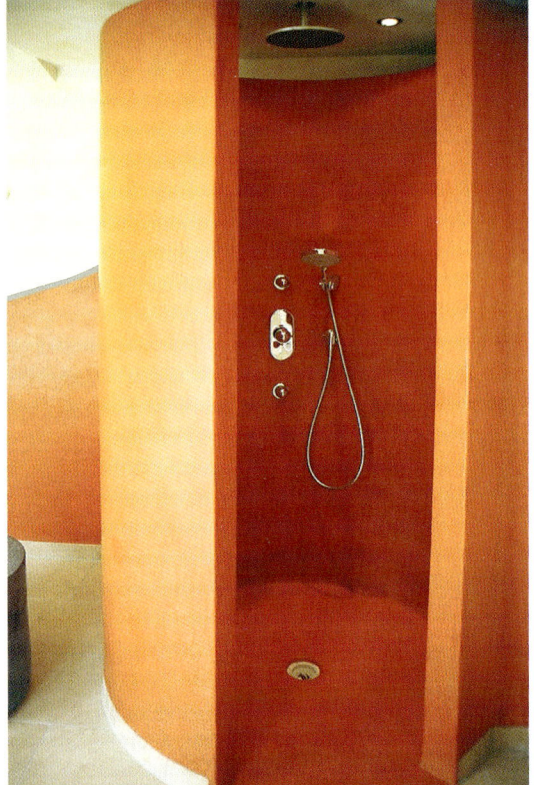

Duschkabine aus Tadelakt
ausgeführt von Claudia Rössner

Tadelaktarbeit im Aussenbereich
ausgeführt von Alwin Dorok

Tadelakt statt Fliesen

Ulrich Bettentrup über alternative Wandoberflächen – nicht nur für Feuchträume

> **INTERVIEW**
>
> **Ulrich Bettentrup**
>
> ist Malermeister und staatlich geprüfter Gestalter mit Fachrichtung Denkmalpflege. Er arbeitet bei der Firma Kreidezeit in der Produktentwicklung und Anwendungstechnik und beschäftigt sich seit neun Jahren mit dem Thema Verarbeitungstechniken von Tadelakt.

Was ist Tadelakt?

Der Begriff Tadelakt leitet sich ab von „dellek" und steht für kneten, zerdrücken. Tadelakt ist eine traditionelle marokkanische Putztechnik. Ein spezielles Kalkmaterial wird mit Wasser angemischt und mit mineralischen Pigmenten gefärbt auf mit Unterputz versehene Wände und Objekte aufgebracht.

Tadelakt gibt es schon seit Jahrhunderten. Zunächst wurde diese Technik zur Abdichtung in Zisternen, die zur Aufbewahrung des Trinkwassers dienten, angewendet. Dann wurde Tadelakt in den Hammams, den orientalischen Bädern und auch in Palästen ausgeführt. Traditionell wird die Tadelakttechnik von Berbern ausgeführt, die ihr Wissen um die richtige Verarbeitung von Generation zu Generation weitergeben.

Diese schimmernden Oberflächen üben auf uns einen besonderen Reiz aus. Man muss diese Flächen regelrecht anfassen. Tadelakt ist etwas unmittelbares, ursprüngliches. Durch die Art der Verarbeitung entsteht eine faszinierende leicht wellige, lebendige, natürlich glänzende Oberfläche. Die Farbwirkung von Tadelakt ist nicht gleichmäßig wie bei eingefärbten Putzen, sie ist abhängig von der Verarbeitung. Da, wo das Material stärker verdichtet wird, entsteht ein dunklerer, tieferer Farbton. Bei unterschiedlichen Lichtverhältnissen wirkt die Farbe einer Tadelaktoberfläche immer wieder anders.

Aus welchem Material besteht Tadelakt?

Tadelakt ist ein natürlicher hydraulischer Kalkputz mit mineralischen Zuschlägen, der in der Kornzusammensetzung fein abgestuft ist und dadurch auf Glanz poliert werden kann. Durch den hydraulisch erhärtenden Kalk und die starke Verdichtung bei der Verarbeitung entsteht eine besonders feste Oberfläche, vergleichbar mit poliertem Marmor. Die Oberfläche des Tadelakt wird mit einer Olivenölseife auf Glanz poliert. Diese Seife reagiert mit dem frischen Kalk zu wasserunlöslicher Kalkseife, die hydrophobierend, also wasserabweisend wirkt. Diese glatten wasserabweisenden Oberflächen können einfach mit Wasser und etwas Olivenölseife gereinigt und gepflegt werden.

Wie wird Tadelakt verarbeitet?

Tadelakt wird in zwei Lagen mit der Federstahlkelle auf einen hydraulischen Kalkunterputz aufgetragen, in mehreren Schritten mit einem speziellen Polierstein verdichtet und poliert. Wir verwenden Poliersteine aus Hartkeramik. Anschließend wird eine Glätteseife aufgetragen und erneut mit dem Stein poliert. Entscheidend ist es, zum richtigen Zeitpunkt zu polieren. Richtig verarbeitet entsteht so eine wasserabweisende glänzende glatte bis leicht wellige Oberfläche.

Wo sind die Einsatzmöglichkeiten von Tadelakt?

Tadelakt wird aufgrund der Wasserfestigkeit häufig im Badbereich eingesetzt. Aufgrund seiner optischen Reize wird Tadelakt häufig auch im repräsentativen Bereich verwendet. Alle Untergründe, die mit Kalkputz verputzt werden können, können auch mit Tadelakt gestaltet werden. Durch die Bearbeitung mit dem Stein kann Tadelakt auch gut um Rundungen gearbeitet werden.

Kann man selbst Tadelakt verarbeiten?

Man muss sich schon erst einmal mit der Technik und dem Material vertraut machen. Wir haben bei unseren Seminaren häufiger Kunden, die ihr Bad selber gestalten wollen. In der Regel klappt das nach einem Seminar dann auch. Meistens wird Tadelakt jedoch von Malern oder Stukkateuren verarbeitet.

Mehr Informationen zum Thema Tadelakt unter:
▶ www.kreidezeit.de
▶ www.claudiaroessner.de
▶ www.alwindorok.de

Wohngifte – Ursachen, Wirkung und Gegenmaßnahmen

Wohngifte in modernen Häusern
Luftschadstoffe können die Gesundheit beeinträchtigen

Ein modernes Haus kann Tausende von chemischen Verbindungen enthalten. Wenn diese chemischen Verbindungen ausgasen, wird die Raumluft belastet. Bei den Bewohnern schadstoffbelasteter Wohnungen und Häuser treten anfänglich vielleicht nur Befindlichkeitsstörungen auf, die nicht konkret zuzuordnen sind. Akute Vergiftungen sind in Bezug auf Wohngifterkrankungen eher selten. Aufgrund der schleichenden Vergiftung stehen hier chronische Leiden im Vordergrund.

Baustoffe, lösungsmittelhaltige Lacke, Farben und Kleber sowie ausgasende Weichmacher aus Kunststoffmöbeln können die Innenraumluft zu einem chemischen Luftgemisch werden lassen. Die Bewohner dieser mit Schadstoffen belasteten Häuser reagieren mit unterschiedlichen Krankheitsbildern. Am häufigsten zu beobachten sind eine allgemeine Schwäche, Kopfschmerzen, Übelkeit, Atemwegserkrankungen, Haut- und Schleimhautreizungen, Augenbrennen oder Hautausschläge. Übrigens sind die Schadstoffe bei z. B. chronischen Erkrankungen im Blutbild oft nicht nachweisbar, da sie sich vorwiegend im Fettgewebe ansetzen.

Dass der Mensch sich vor Wohngiften schützen muss, ist nicht erst seit heute bekannt. Nur zwei Beispiele machen dies deutlich: Die Holzschutzmittelskandale der 1970er Jahre sind auch heute noch unvergessen. Angeblich erkrankten damals über 200.000 Menschen an einem Holzschutzmittel, das Lindan und PCP enthielt. Auch heute findet man in zum Verkauf stehenden Altbauten noch oft genug Decken- und Wandvertäfelungen aus Nut- und Federbrettern, die mit hochgiftigen Holzschutzmitteln behandelt sein können. Ein weiteres Beispiel für giftige Altlasten in Altbauten sind polycyclische aromatische Kohlenwasserstoffe, die in Bitumenklebern von Parkettfußböden vorkommen. Diese gelten als krebserregend. Deshalb gilt: Augen auf beim Kauf von Altbauten! Lassen Sie die Altbau-Immobilie vor dem Kauf von einem erfahrenen Experten prüfen.

Seit Jahrzehnten wird nun schon vor Formaldehyd im Wohnbereich gewarnt. Aber es gelangt weiterhin auf versteckte Weise in unsere Wohnungen. Auch bei den heute häufig verlegten und gerne als „hochwertig" deklarierten Laminatböden kann Formaldehyd ausgasen. Formaldehyd wird außerdem in der Textilveredelung, als Desinfektionsmittel und als Konservierungsstoff eingesetzt. Das Austreten von Formaldehyd wird durch eine hohe Luftfeuchtigkeit begünstigt. An regnerischen Tagen kann dies durch eine vermehrte Geruchsbelästigung wahrgenommen werden.

Bei der Herstellung von Holzwerkstoffen, wie z. B. Sperrholz und Spanplatten, wird häufig formaldehydhaltiger Leim verarbeitet. Auch als formaldehydarm gekennzeichnete Spanplatten sollten möglichst nicht verwendet werden. Es werden auch formaldehydfreie Spanplatten angeboten. Diese enthalten oft als Bindemittel Isozyanatzusätze. Gesundheitliche Risiken sind bei diesem Bindemittel ungeklärt. Spanplatten können zudem auch mit Fungiziden und Feuerschutzmitteln behandelt sein.

Um gesundheitliche Risiken durch Wohngifte minimieren zu können, müssen diese zuerst nachgewiesen werden. In der nachfolgenden Liste zeigen wir Beispiele von Vorkommen verschiedener Wohngifte und der damit verbundenen Symptome. Das anschließende Interview mit Dr. Ockelmann bietet weitere Informationen zum Thema Wohngifte.

Die am häufigsten in der Raumluft vorkommenden Schadstoffe

PCB – Polychlorierte Biphenyle

Vorkommen: dauerelastische Dehnungsfugen vor 1978, Kondensatoren, Trafos, Lacke, Druckerzeugnisse, Weichmacher, technische Öle. Schwer abbaubare Chlorkohlenwasserstoffe reichern sich im Körperfett an. Sie enthalten Verunreinigungen wie Furane und polychlorierte Naphthaline und belasten z. B. auch die Muttermilch.

Auftretende Symptome: erhöhte Infektanfälligkeit, Störung des Immunsystems, Verdacht auf krebserzeugendes Potential.

Isocyanate

Vorkommen: Kunststoffe auf Polyurethanbasis, formaldehydfreie PU-Spanplatten, DD-Lacke, Bodenversiegelung auf PU-Basis, PU-Schäume; Isocyanate wirken hochgradig allergisierend, in Verbindung mit Wasser (Luftfeuchte) entstehen krebserregende Diamine.

Auftretende Symptome: nesselsuchtartige Hautreizungen, Schleimhautreizungen, Kopfschmerzen, Unwohlsein.

Formaldehyd

Vorkommen: Pressspanplatten, Bodenbeläge, Parkettböden, Wärmedämmplatten, Sperrholz, Ortschäume, pflegeleichte Textilien, Möbel; Formaldehyd ist immer noch das Wohnraumgift Nr. 1, da es sehr häufig verwendet wurde und wird. Verdacht auf krebserzeugendes Potential! Wirkt im Tierversuch fruchtschädigend; löst Allergien aus.

Auftretende Symptome: Schleimhautreizungen (Augen und obere Atemwege), Kopfschmerzen, chronische Erkältungen, Depressionen, Schlafstörungen, Allergien, Mattigkeitsgefühle.

Ozon

Vorkommen: Kopiergeräte, Laserdrucker, UV-Lampen; Ozon entsteht durch die Umwandlung von Luftsauerstoff während des Kopier- oder Druckvorganges als Nebenwirkung der elektrostatischen Aufladung.

Auftretende Symptome: Müdigkeit, Kopfschmerzen, Einschränkung der Lungenfunktion; bei höheren Konzentrationen Husten und Schleimhautreizungen.

Radon – 222 RN

Vorkommen: Erdreich, Baustoffe (Bodenschüttungen, Granit, Fliesen, Ziegel); natürlich vorkommendes radioaktives Erdgas, diffundiert durch Kellerwände oder aus Baustoffen in den Wohnraum (Alpha-Strahler).

Auftretende Symptome: mit den Sinnesorganen nicht wahrnehmbar; Krebs.

Vinylchlorid

Vorkommen: Fußbodenbeläge (PVC), Textilien, Spielzeug, Rollladen, Installationsrohre.

Auftretende Symptome: Bindegewebsveränderung in Lunge, Leber und Blutgefäßen, krebserregend (Lebertumor).

Magnetfelder, elektrische Felder, Elektrosmog

Vorkommen: Niederfrequente Magnetfelder bauen sich beim Betrieb aller Stromverbraucher auf; elektrische Felder existieren auch ohne Stromverbrauch im Bereich von Stromleitungen.

Auftretende Symptome: Schlafstörungen, Kopfschmerzen, Unwohlsein, Hinweise auf Häufungen von Leukämie- und Hirntumorfällen bei exponierten Personen. In der Regel erst bei sehr hohen Feldstärken mit den Sinnesorganen wahrnehmbar.

Pestizide

Vorkommen: Anstriche von Massivhölzern im Innenraum, Lederimprägnierung, Teppichböden, Latex, Mottenstreifen, Insektensprays, Elektroverdampfer, Schädlingsbekämpfungsmittel: z. B. Lindan, PCP, DDT, Endosulfan, Permethrin; PCP enthält herstellungsbedingt Dioxine und Furane, seit 1990 verboten (PCP-Verordnung).

Auftretende Symptome: Mattigkeit, Lustlosigkeit, Schädigung des Immunsystems, Störungen der Nieren- und Leberfunktionen, in extremen Fällen Chlorakne, Dioxinschäden; PCP wurde als eindeutig krebserregend eingestuft.

Flüchtige organische Verbindungen (VOC)

Vorkommen: Kleber, Lacke, Farben, Anstriche, Reinigungsmittel, Farbstifte, Abbeizmittel, Ausgasungen von Teppichböden, Fußböden, Versiegelungen, Anstrichen, Beschichtungen.

Auftretende Symptome: Kopfschmerzen, Unwohlsein, Schlafstörungen, z. T. Geruchsbelästigung, trockene oder gereizte Schleimhäute, in hoher Dosis narkotisierend.

Asbest

Vorkommen: Dach- und Fassadenplatten „Eternit" bis ca. 1991, PVC-Bodenbeläge, Nachtspeicheröfen, Dichtungsschnüre an Öfen, Dichtungen und Klebemassen, Asbestpappe, Fliesenkitte bis Anfang der 1980er Jahre; erhebliche Freisetzung bei Beschädigung/Umbau! Mit den Augen nicht wahrnehmbarer Feinstaub, der in die Lungen dringt.

Auftretende Symptome: akute Schäden sehr selten; Spätschäden nach 20-60 Jahren: fibrotische Lungenveränderungen bei sehr hohen Atemluftkonzentrationen, Lungenkrebs, bösartige Schwülste am Bauch- und Rippenfell (Mesotheliom).

Mineralfasern

Vorkommen: Nachtspeicherheizungen, Gebäudedämmung als Platte und Wolle; die Produkte enthalten einen kleinen Anteil lungengängiger Fasern, die mit dem Auge nicht wahrnehmbar sind; erhebliche Freisetzung bei Verarbeitung/Entfernung!

Auftretende Symptome: bei höheren Konzentrationen Juckreiz und Augenreizungen; lungengängiger Anteil im Tierversuch krebserzeugend.

Schimmelpilze

Vorkommen: feuchte Räume, feuchte Wände, Außenwände (Putze, Tapeten, Anstriche, Silikondichtungen); teilweise verdeckt hinter Tapete/Holzverschalung.

Ursachen: Kondensatwasserbildung wegen mangelhafter Lüftung, schlechter Isolierung und anderer Baumängel (Feuchteschäden, Wasserschäden), daraus folgt Freisetzung von Pilzsporen in die Raumluft.

Auftretende Symptome: Allergien und allergiebedingte entzündliche Reaktionen oder Infektionen der Atemwege, eventuell krankheitserregende Sporen (Mykosen).

Fogging

Schwarzstaub in Wohnungen und Häusern

Sehr oft wird Schwarzstaub in den Wintermonaten in Wohnungen festgestellt. Vom Umweltbundesamt wurde Fogging damit erklärt, dass schwerflüchtige organische Stoffe, z. B. Weichmacher, aus Baustoffen und Einrichtungsgegenständen entweichen können und sich mit Staub und Rußpartikeln, die von Konvektionsheizkörpern aufgewirbelt werden (daher auch das vermehrte Auftreten im Winter), zu einem schmierigen, schwarzen Film verbinden. Deshalb sehen auch manche Wohnungen so aus wie nach einem Schwelbrand.

Schadstoffproblematik in Neu- und Altbauten

Dr. Gerd Ockelmann von der ISM GmbH über Luftbelastung in Wohnräumen

Von welchen Faktoren ist eine gute Innenraumluft eines Hauses bzw. einer Wohnung abhängig?

Es sind zahlreiche Faktoren, die für die Innenraumluft eines Hauses maßgeblich sind und diese beeinflussen. Hierzu gehören:

- **Lüftungsgewohnheiten der Bewohner**
- **Nutzungsbedingte Emissionsquellen**
  Tabakrauch, offene Feuerungen, z. B. Kamine, Duftstoffe, Reinigungsmittel
- **Emissionen aus der Bausubstanz**
  z. B. Holzschutzmittel, PAK, faserige Stäube (Asbest, KMF), Formaldehyd (besonders in Fertighäusern)
- **Emissionen aus der Raumausstattung**
  z. B. Lösemittel aus Klebern, Weichmacher aus Farben, Tapeten und Bodenbelägen, Aldehyde, Terpene aus Hölzern, Kohlenwasserstoffe aus Anstrichen
- **Emissionen aus der Möblierung**
  z. B. Formaldehyd und andere Aldehyde, flüchtige organische Verbindungen (VOC) in Form von aromatischen Kohlenwasserstoffen, Terpenen, Estern, Glykolverbindungen, Weichmachern (Phthalaten) und Ketonen

Welche Wohngifte konnten Sie aufgrund Ihrer Messungen am häufigsten in der Raumluft finden?

Zu den grundsätzlich immer nachweisbaren Verbindungen gehören Formaldehyd und sonstige flüchtige organische Verbindungen. Die derzeitigen Analyseverfahren sind so empfindlich, dass auch problemlos Konzentrationen in völlig unbelasteten Wohnungen messbar sind. Gleiches gilt für Belastungen des Hausstaubs mit schwerflüchtigen Verbindungen in Form von Weichmachern oder polyzyklischen aromatischen Kohlenwasserstoffen (PAK). Der Nachweis dieser Stoffe allein ist als Kriterium für eine Belastung allerdings ungeeignet, da diese Stoffe faktisch ubiquitär, d. h. überall, vorhanden sind. Zur Beurteilung müssen daher vorliegende Richtwerte, toxikologische Kenndaten oder auch statistische Daten herangezogen werden.

Welche gesundheitlichen Störungen können in Verbindung mit Wohngiften in Wohnung und Büro auftreten?

Gesundheitliche Störungen in Verbindung mit Wohngiften können sich auf vielfache Weise äußern. An erster Stelle sind akute Symptome zu nennen, wie z. B. Schleimhautreizungen, Abgeschlagenheit und Antriebslosigkeit, Müdigkeit, Schlafstörungen, aber auch Benommenheit oder Kopfschmerzen gehören dazu. Problematischer sind jedoch Substanzen, wie z. B. organische Holzschutzmittelverbindungen, die über das Zentralnervensystem wirken und neben akuten Symptomen organische Schädigungen hervorrufen, ganz abgesehen von krebserzeugenden Stoffen (z. B. Asbestfeinstaub, PAK oder potenziell krebserzeugende Stoffe), die sich nicht durch akute Befindlichkeitsstörungen bemerkbar machen und somit lange Zeit unentdeckt bleiben können. Ihre Wirkung auf die Gesundheit erfolgt gewissermaßen schleichend.

Bei meinen Recherchen bin ich auf das Phänomen „Fogging" aufmerksam geworden. Was ist Fogging? Können Sie ein Fallbeispiel aus Ihrer Praxis nennen?

Das Fogging-Phänomen wurde erstmals in den neunziger Jahren beobachtet bzw. bekannt. Es besteht darin, dass in Altbauwohnungen nach deren Renovierung bzw. in neu errichteten Wohnungen auffällige schwärzliche Ablagerungen bzw. dunkle Verfärbungen auftreten, deren Herkunft oder Ursachen nicht unmittelbar zu erklären sind. Dieses Phänomen ist in den letzten Jahren immer häufiger aufgetreten und mittlerweile sind mehrere tausend solcher Fälle in Deutschland bekannt. Zunächst wurden als Ursachen häufig das Abbrennen von Kerzen, Tabakrauch oder Mängel an der Heizungsanlage vermutet, was in den häufigsten Fällen aber nicht zutraf.

Typische Kennzeichen eines Fogging-Phänomens:

- Das Phänomen tritt bevorzugt in Wohnungen auf die kurz vorher renoviert wurden bzw. deren Renovierung nicht mehr als 1-2 Jahre zurückliegt.

- Der Zeitpunkt des Auftretens bzw. der Intensivierung liegt vornehmlich in den Wintermonaten, insbesondere zwischen Januar und März.

- Die im Zusammenhang mit dem Fogging-Phänomen aufgetretenen Verfärbungen treten insbesondere im Bereich vorhandener Wärmebrücken auf. Das sind im Wesentlichen die Außenwände nebst den Raumecken und den Fensterbereichen.

- Dunkle Verfärbungen treten in diesem Zusammenhang auch auf Kunststoffoberflächen auf. Dies können Fensterrahmen aus Kunststoff, Steckdosen und Lichtschalter, aber auch Gebrauchsgegenstände (z. B. Becher, Schüsseln etc.) sein. In Küchen ist diese Verfärbung teilweise auch in den Kühlschränken bzw. auf Kunststoffbehältnissen zu erkennen, die in geschlossenen Schränken aufbewahrt werden.

- Abgedeckte Oberflächen im Bereich sonst dunkel verfärbter Wandflächen (zum Beispiel hinter Bilderrahmen) sind von dem Fogging-Phänomen in der Regel nicht betroffen.

- Die Verfärbungen an Oberflächen intensivieren sich innerhalb von Tagen oder wenigen Wochen.

INTERVIEW

Dr. Gerd Ockelmann

1976-1982 Studium der Meteorologie, Hydrologie und Physikalischen Chemie an der Johann Wolfgang Goethe-Universität in Frankfurt mit Abschluss Diplom.

1988 Promotion zum Dr. phil. Nat. an der Johann Wolfgang Goethe-Universität in Frankfurt. 1988 Verleihung des Umweltpreises der Johann Wolfgang Goethe-Universität in Frankfurt als beste naturwissenschaftliche Arbeit im Jahr 1988.

1989-2002 Fachgebietsleiter am Institut Fresenius in Taunusstein. Arbeitsschwerpunkt: Schadstoffe in Innenräumen. Seit 2002 Geschäftsführer der Immobilien-Schadstoff-Management GmbH in Wiesbaden.

2002 Öffentliche Bestellung und Vereidigung durch die IHK Wiesbaden für das Sachgebiet Asbest und andere Schadstoffe in Gebäuden einschließlich mikrobiologischer Belastungen.

Oben: Floorflex-Platten; Mitte: Fogging; Unten: Cushion-Vinyl-Bodenbelag

Ausgelöst wird das Fogging-Phänomen in der Regel durch mittel- bis schwerflüchtige organische Verbindungen wie z. B. Phthalate, längerkettige Alkane, Alkohole, Fettsäuren und deren Ester, die in Farben, Tapeten etc. enthalten sind und nach Renovierungsarbeiten über längere Zeit aus diesen Materialien ausgasen. Im Winter lagern sich diese Substanzen auf den kälteren Oberflächen der Außenwände und Fenster oder auch Zimmerdecken (falls die darüber befindlichen Nutzflächen nicht geheizt werden) ab und bilden einen Film, auf dem sich Feinstaubpartikel ablagern. Auch elektrostatische Kräfte können diesen Prozess begünstigen. Daher findet sich dieses Phänomen auch auf Kunststoffoberflächen. Somit handelt es sich bei den feststellbaren Verfärbungen um ein Konglomerat aus längerkettigen organischen Verbindungen und anhaftenden Feinstaubpartikeln. Dieser Belag ist, abgesehen von glatten Metall- oder Glasoberflächen, mit üblichen Reinigungsmitteln nicht oder nur sehr schwer zu entfernen. Nach der derzeitigen Einschätzung der Sachverständigen und der mit der Problematik befassten Fachbehörden ist eine Gesundheitsgefährdung beim Auftreten von Fogging nicht zu befürchten.

In welchen Materialen bzw. Baustoffen ist Formaldehyd heute noch zu finden?

Formaldehyd findet bei der Herstellung von Holzwerkstoffen, Dämmstoffen, in der Kunststoffverarbeitung sowie als Zuschlagsstoff noch eine breite Verwendung. Hierzu zählen vor allem:

- Holzwerkstoffe (z. B. Spanplatten, Faserplatten, Sperrholz)
- Verbundplatten/dekorative Schichtpressstoffplatten (HPL)
- Holzleime
- Parkett-/Laminatböden (Trägerplatte, Versiegelungen, Kleber, Gegenzugfolien)
- Bodenbeläge
- Mineralfaserdämmstoffe (Glas-/Steinwolle)
- Rohrdämmstoffe
- organische Dämmplatten (Phenolharzschaum)
- Sandwichelemente
- Ortschäume/Montageschäume
- Brandschutzschäume (Beschichtungen, Platten, Kabelabschottungen)
- Feuerschutzmittel
- Glasfasergewebe (Kaschierungen)
- Vorhänge/Rollostoffe (Flammschutz)
- Dachunterspannbahnen (Flammschutz)
- Wandbekleidungen/Tapeten (Flammschutz)
- Deckenplatten
- Farben, Lacke (SH-Lacke), Klebstoffe (Konservierungsmittel, Bindemittel)

Gemäß der Chemikalien-Verbotsverordnung gelten Beschränkungen für die Formaldehydabgabe in Holzwerkstoffen.

Früher wurde PCP (Pentachlorphenol) in Holzschutzmitteln verarbeitet. Sind herkömmliche Holzschutzmittel heute als unbedenklich einzustufen?

Ein völlig unbedenkliches Holzschutzmittel gibt es nicht. Man kann allenfalls zwischen mehr oder weniger toxischen Inhaltsstoffen differenzieren. Als problematisch sind Holzschutzmittel zu bewerten, die halogenorganische Verbindungen enthalten. An organischen Holzschutzmittel-Wirkstoffen werden heute überwiegend Substanzen wie Dichlofluanid, Tebuconazol, Chlorthalonil, Permethrin und eine Reihe weiterer Wirkstoffe verwendet.

Neuere Präparate enthalten häufig Arsen-, Chrom-, Fluor- und Borsalze, die auf Grund ihres geringen Dampfdrucks nicht flüchtig sind und daher nicht in die Raumluft übertreten können. Die vom Hersteller bei der Verarbeitung empfohlenen Schutzmaßnahmen (z. B. Hautschutz) sollten jedoch dringend beachtet werden. In Innenräumen sollten Holzschutzmittel prinzipiell nicht eingesetzt werden. Hiervon hat das frühere Bundesgesundheitsamt bereits 1986 abgeraten. Die Verwendung von Holzschutzmitteln im Innenbereich ist auch nicht erforderlich. Im Außenbereich kann auf Holzschutzmittel jedoch nicht verzichtet werden.

In Altbauten wurde sehr oft Asbest verarbeitet. In welchen Baustoffen der damaligen Zeit ist mit dem Risiko einer Asbestbelastung zu rechnen und wie sollte man alte Asbestbauteile entsorgen?

Grundsätzlich ist bei den Asbestprodukten zwischen den sogenannten schwachgebundenen Asbestprodukten, Asbestzementprodukten und bau-chemischen Asbestprodukten zu unterscheiden. Schwach gebundene Asbestprodukte sind Erzeugnisse mit sehr hohem Asbestgehalt bei gleichzeitig geringem Bindemittelanteil. Das Faserfreisetzungspotenzial ist bei diesen Produkten auf Grund der lockeren Faserbindung hoch. Diese Materialien wurden überwiegend zum Brandschutz in Gebäuden verwendet. Sie finden sich auch in älteren Nachtspeicherheizgeräten. Eine weitere frühere Verwendung waren Kunststoffbodenbeläge, die auf der Unterseite mit einer sehr dünnen Asbestpappe versehen wurden (sogenannte Cushion-Vinyl-Bodenbeläge). Diese Böden findet man noch des öfteren in alten Küchen und Bädern. Häufig werden diese Beläge in Unkenntnis der Asbestgefahr entfernt, was immer zu sehr hohen Faserkonzentrationen führt, wodurch ganze Wohnbereiche kontaminiert werden können. Asbestzementprodukte hingegen weisen eine hohe Faserbindung in der Zementmasse auf. Der Asbestgehalt liegt in der Regel zwischen 5 % und 20 %. Asbestzementprodukte finden sich in Form von Rohrleitungen, Wand- oder Schachtverkleidungen oder im Außenbereich von Gebäuden (Fassadentafeln, Dacheindeckungen mit Wellasbest oder Kunstschieferplatten). Bei üblicher Beanspruchung gehen von Asbestzementprodukten keine relevanten Faseremissionen aus. Bei der Entfernung von Asbestzementprodukten gelten jedoch auch zur Minderung der Faserfreisetzung und zum Personenschutz technische Regeln. Zu den bau-chemischen Produkten zählen Bodenbeläge, wie z. B. die sogenannten Floor-Flexplatten. Diese enthalten häufig Asbestfasern zur physikalischen Stabilisierung der Kunststoffmatrix. Ähnlich wie beim Asbestzement sind hier die Asbestfasern in den Kunststoff fest eingebunden, so dass bei üblicher Beanspruchung keine relevanten Fasermengen freigesetzt werden. Häufig finden sich unter diesen Bodenbelägen asbesthaltige, bituminöse (schwarze) Kleber, die ähnlich wie die Bodenbeläge Asbestfasern in einer Größenordnung von ca. 5-10 % enthalten. Der Ausbau von Asbestprodukten sollte in jedem Fall von Fachfirmen durchgeführt werden, die mit den Gefahren bei der Asbestsanierung vertraut sind und über geschultes Personal und die erforderliche technische Ausstattung verfügen. Die Sanierung von schwachgebundenen Asbestprodukten darf nur von hierfür zugelassenen Firmen vorgenommen werden. Asbest ist immer als gefährlicher Abfall zu entsorgen und den hierfür zugelassenen Stellen anzudienen.

Sind Pyrethroide für den Menschen als gesundheitlich bedenklich einzuschätzen?

Zweifellos ja. Permethrin und weitere Pyrethroide wie Deltamethrin und Cypermethrin sind hochaktive insektizide Wirkstoffe. Diese sind von dem natürlichen Wirkstoff Pyrethrum, der in Blütenköpfen verschiedener Chrysanthemenarten vorkommt und ebenfalls insektizid wirkt, abgeleitet. Im Gegensatz zu dem relativ instabilen Pyrethrum besitzen die synthetisch hergestellten Pyrethroide eine wesentlich größere physikalisch-chemische Stabilität. Diese Eigenschaft macht sie zu schwerflüchtigen und schwer abbaubaren Stoffen. Pyrethroide werden in Form von Sprays oder bei Elektroverdampfern zur Bekämpfung schädlicher Insekten und bei Entseuchungsmaßnahmen von Schädlingsbekämpfern in Innenräumen eingesetzt. Weiterhin finden sie Verwendung als Holzschutzmittel, aber auch als präventives Schädlingsbekämpfungsmittel in Wollteppichen.

Pyrethroide lagern sich an dem Hausstaub an und werden über die Luft oder durch Hand-Mund-Kontakt aufgenommen. Pyrethroide sind starke Nervengifte. Typische Beschwerden bei einer erhöhten Exposition gegenüber pyrethroiden Wirkstoffen sind Taubheitsgefühle und Brennen auf der Haut, Mattigkeit, Konzentrationsstörungen, Kopfschmerzen und teilweise Übelkeit.

Mehr Informationen zum Thema Wohngifte unter:
▶ *www.ism-schadstoff.de*

Das Reich des Kindes

Worauf man bei Renovierung und Einrichtung von Kinderzimmern achten sollte

Eine werdende Mutter zeigte mir ganz stolz das mit neu gekauften Hochglanz-Möbeln erst kürzlich eingerichtete Kinderzimmer. In dem Raum standen eine neue Wickelkommode, ein Kleiderschrank und das Kinderbett. Ich selbst habe es nicht fassen können, wie sehr dieser 15 m² große Raum mit chemischen Ausdünstungen belastet war, die deutlich zu riechen waren.

Es ist sehr wichtig welche Möbel die Eltern bei der Erstausstattung eines Kinderzimmers wählen. Sie schaffen dem Kind eine gesunde Umgebung, wenn Sie beim Kauf auf Massivholzmöbel mit Oberflächen aus Naturharzölen und Bienenwachs setzen. Offenporige Oberflächen können sogar viel zu einer Regulierung der Raumluft beitragen. Lassen Sie sich beim Kauf versichern, dass formaldehydfreier Leim bei der Möbelherstellung verwendet wurde. Achten Sie darauf, dass das Holz nicht mit Insektiziden oder Pestiziden belastet ist.

Kindgerechte Verarbeitung heißt auch gerundete Kanten. Diese vermeiden böse Unfälle. Ein Kinderbett oder Hochbett sollte den strengen deutschen Sicherheitsnormen entsprechen. Das Wichtigste sind die Matratzen für das Kinderbett. Achten Sie auch hier auf geprüfte Qualitäten. Es gibt auf dem Markt Latexmatratzen für Kinderbetten, die aus 100 % natürlichem Latex hergestellt werden.

Aber auch hier gibt es Kinder, die auf Naturlatex allergisch reagieren können. So können z. B. Juckreiz und Rötungen der Haut bei Kontakt auftreten oder bronchiale Reaktionen folgen. Naturlatex findet sich auch versteckt im Ficus bejamina (Birkenfeige), einer Zimmerpflanze, von der es heißt, dass sie allergische Reaktionen besonders bei asthmatisch bzw. bronchial veranlagten Kindern auslösen könnte.

Naturkautschuk wird überwiegend aus dem Kautschukbaum gewonnen. Durch das Anritzen der Baumrinde erhält man den Milchsaft (Latex). Es gibt sowohl natürliches Latex als auch künstlich hergestelltes Latex. Synthetisches Latex kann hochgiftiges Butadien enthalten. Butadien wird als krebserregend eingestuft.

Kinder, die unter Tierhaarallergien leiden, müssen nicht auf Naturprodukte verzichten. Heute ist die Auswahl an Kapok, Baumwolle und Seidenprodukten groß. Bei Seide, Kapok und Baumwolle sind keine allergischen Reaktionen bekannt.

Um elektrostatische Aufladungen zu vermeiden, sollte das Kinderzimmer mit Holzfußböden und natürlichen Wandmaterialien ausgestattet sein. Das sind z. B. mineralische Putze, Tapeten aus Papier, Lehmputze und Sumpfkalkputze. Sollten Sie in einem Altbau leben, lassen Sie Ihre Elektroinstallation überprüfen. Uralte, ungeerdete Kabel können für Sie und das Kind eine große gesundheitliche Belastung durch elektrische Felder bedeuten.

Auch Babyphone können Elektrosmog verursachen. Die Zeitschrift „Ökotest" hat verschiedene Babyphone geprüft. Bei dem Test kam es zu erschreckenden Ergebnissen. Die Babyphone verursachten teilweise mehr Elektrosmog, als ein moderner Büromensch in seinem Arbeitsumfeld ertragen muss. Eigentlich sollte ein Babyphon ja dazu da sein, das Kind zu schützen!

Mehr Informationen zum Thema Kinderzimmer unter:
▶ *www.wdl-kinder-moebel.de*
▶ *www.bett-gefluester.de*
▶ *www.oekotest.de*

Gegen dicke Luft in Klassenzimmern

Konzentrationsstörungen und Müdigkeit durch Ausgasung von Baumaterialien

Beim Besuch eines Abend-Sprachenkurses mit 18 Teilnehmerinnen in einer öffentlichen Schule blieb mir nach der 2. Doppelstunde förmlich die Luft weg. Der Schulanbau, in dem ich unterrichtet wurde, war 2003 gebaut worden und hatte eine moderne ökologische Anmutung. Mir wurde klar, warum Kinder und Lehrer nach ihrem Unterricht in solchen Räumen fix und fertig sein müssen. Wie kann man konzentriert lernen, wenn kaum noch Sauerstoff in der Raumluft ist. Es war Winter und wir konnten kein Fenster öffnen, da es sonst zu kalt würde. Ich konzentrierte mich in dieser schlechten Luft auf „Durchhalten" und beschloss, hier keinen weiteren Kurs zu besuchen. Ich hatte ja die Möglichkeit mich in einer anderen Schule anzumelden. Aber welche Wahl haben Lehrer und Schüler?

Ein weiteres Erlebnis war der Besuch einer Berufsschule in Hessen. Wir kamen bei einer Führung in ein Klassenzimmer, das gerade mit neuen Stühlen aus Kunststoff mit stark ausgasenden Weichmachern ausgestattet wurde. Die Raumluft bestand nur noch aus einem „Chemiecocktail". Meine Augen fingen an zu brennen. Von dem anwesenden stellvertretenden Schulleiter erhielten wir die Auskunft, dass kein Mitspracherecht bei der Bestellung der Stühle bestand. Die Schule durfte lediglich die Farbe der Stühle auswählen!

Folgen von schlechter Luft in Klassenzimmern sind Kopfschmerzen, Konzentrationsstörungen und Müdigkeit. Auch dem Umweltbundesamt ist die Situation bekannt, dass Feinstaub und chemische Stoffe gesundheitliche Probleme in Schulräumen verursachen können. Zu dichte Fenster werden hierfür verantwortlich gemacht, da sie zu einer erhöhten Ansammlung von Kohlendioxid im Klassenraum führen können. Zur Vermeidung dieser Situation gibt es zum Beispiel auch Leitfäden für die Innenraumhygiene in Schulgebäuden.

Das Umweltbundesamt (UBA) empfiehlt, sich bei Renovierungsarbeiten am „Leitfaden für die Innenraumhygiene in Schulgebäuden" zu orientieren. Der Leitfaden gibt Tipps für umweltfreundliche und gesundheitsbewusste Sanierungen (siehe unter www.umweltbundesamt.de). Das Umweltbundesamt weist darauf hin, dass Renovierungen mit emissionsarmen Produkten eine wichtige Voraussetzung für gesunde Luft in Klassenzimmern sind.

Die Einbeziehung von Umweltkriterien in die öffentliche Auftragsvergabe ist mittlerweile zweifelsfrei zulässig, aber noch nicht allen Auftraggebern bekannt. Die Weichen sind also schon gestellt, zumindest im Bereich der öffentlichen Ausschreibungen. Trotzdem sollten die Gemeinden bei Sanierungen von Schulgebäuden baubiologische Beratungen in Anspruch nehmen. Durch diese Maßnahme könnte sehr viel im Vorfeld für eine chemiefreie und feinstaubfreie Raumluft in den Klassenräumen getan werden, denn zum Wohlbefinden der Schulkinder und Lehrer gehört unbedingt auch eine saubere Raumluft!

Für Personen, die sich bereits mit den oben genannten Bedingungen von z. B. „übelriechenden" Klassenräumen herumschlagen, gibt es die Möglichkeit, genaue Raumluftanalysen der Räume vorzunehmen. Man kann ein CO_2-Messgerät im Klassenraum aufstellen. Durch die Aufzeichnungen des Messgerätes bekommt man klare Informationen zur Raumluftzusammensetzung und kann aktiv Maßnahmen zur Abhilfe ergreifen. Wir sollten uns Gedanken machen, wie wir Kindern und Lehrern energetische Schulräume zur Verfügung stellen können, in denen sie gerne lernen, unterrichten und in denen sie sich wohlfühlen.

Gesundes Bauen heute

Winfried Schneider vom Institut für Baubiologie + Oekologie Neubeuern (IBN)
über die Unterschiede baubiologischen und ökologischen Bauens

Seit wann gibt es das IBN in Deutschland und warum wurde es gegründet?

Das IBN wurde 1983 durch Prof. Dr. Anton Schneider gegründet. Vorläufer des Instituts waren die Arbeitsgruppe Gesundes Bauen + Wohnen (seit 1969) und das ehemalige „Institut für Baubiologie" (seit 1976). Aufgrund zunehmender zum Teil erheblicher gesundheitlicher Probleme im Wohn- und Arbeitsumfeld und weitgehender Unwissenheit auf allen Seiten erschien eine objektive und wirtschaftlich unabhängige Beratung und Information vor allem der Verbraucher, die Entwicklung alternativer Baustoffe und Bauweisen sowie eine ganzheitliche und baubiologisch-ökologisch orientierte Ausbildung von Fachleuten dringend geboten.

Was ist der Unterschied zwischen baubiologischem Bauen und ökologischem Bauen?

Baubiologisches Bauen steht für eine gesunde, menschenwürdige und soziale Wohn- und Arbeitsumwelt. Ökologisches Bauen steht für umweltschonendes und energiesparendes Bauen über den gesamten Lebenszyklus eines Gebäudes (Rohstoffe > Transport > Baustoffherstellung > Neubau > Nutzungszeitraum einschließlich Instandhaltungsmaßnahmen > Abbruch > Entsorgung bzw. Recycling). Laut IBN-Definition ist Baubiologie die Lehre von den ganzheitlichen Beziehungen zwischen den Menschen und ihrer Wohn- und Arbeitsumwelt. In diesem Sinne gehören baubiologisches und ökologisches Bauen und Wohnen untrennbar zusammen. IBN steht für Institut für Baubiologie + Oekologie Neubeuern. Diese Bezeichnung wurde 1983 ganz bewusst gewählt, um klarzustellen, dass gesundes Bauen und Wohnen ohne Schutz der Umwelt nicht im ganzheitlichen Sinne ist.

Welche Möglichkeit sehen Sie, baubiologische Häuser mit der novellierten Energieeinsparverordnung zu bauen oder auch als Passivhäuser zu realisieren?

Wie eben beschrieben, gehören baubiologisches und ökologisches, also auch energiesparendes Bauen untrennbar zusammen. Aus diesem Grunde bildet das IBN seit 2008 baubiologische Gebäude-Energieberater aus, die damit zugleich auch die Qualifikation zum Vor-Ort-Energieberater erwerben können. Sinn dieser Weiterbildung ist, dass bei energiesparenden Beratungen, Planungen und Ausführungen auch baubiologische und weitere ökologische Kriterien beachtet werden. Die Erfüllung der Vorgaben der Energieeinsparverordnung gelten dabei stets als Mindeststandard.

In diesem Sinne gilt folgerichtig auch der Slogan: Passivhäuser ja, aber auch baubiologisch.

Welche diffusionsoffenen Außenwanddämmstoffe können Sie in der Altbausanierung empfehlen?

Holzweichfaserplatten, Korkplatten, Mineralschaumplatten und Schilfrohrmatten. Diese Wärmedämmstoffe werden an die Außenwände von Altbauten mit Kleber auf Zementbasis und/oder Tellerdübel angebracht und anschließend mit einem darauf abgestimmten mineralischem Putzsystem versehen. Wichtig dabei ist, dass auch der Schlussanstrich aus einer diffusionsfähigen Farbe besteht, also einer Kalk- oder Mineralfarbe.

Vergessen wird oft, dass durch Einbau einer Unterkonstruktion aus Holzlatten z. B. hinter wasserabweisend ausgerüsteten Holzweichfaserplatten auch andere Wärmedämmstoffe wie Hanf, Flachs oder Zellulose in beliebiger Dicke verwendet werden können. Auch eine solche Konstruktion kann im beschriebenen System verputzt werden oder alternativ z. B. mit Holzbrettern, -schindeln oder farbig behandelten zementgebundenen Spanplatten verkleidet werden. Ein nicht diffusionsfähiger, aber insbesondere für den erdberührten Bereich dennoch baubiologisch empfohlener Wärmedämmstoff sind Schaumglasplatten.

Wie sehen Sie die Vor- und Nachteile von Lüftungssystemen in Wohngebäuden?

Dies ist ein sehr komplexes Thema. Kurz dargestellt gilt folgendes: Eine mit entscheidende Voraussetzung für energiesparende Gebäude ist deren Dichtigkeit. Diese wird heute entsprechend der Energieeinsparverordnung vom Gesetzgeber zwingend gefordert. Bei manueller Fensterlüftung besteht die Gefahr, dass entweder zu wenig gelüftet wird, was zu gesundheitsschädlichen Konzentrationen von Luftschadstoffen wie Kohlendioxid oder auch Ausdünstungen aus Baustoffen führen kann. Oder es wird zu viel gelüftet, was zu erheblichen Energieverlusten führen kann. Ein kontrolliertes Lüftungssystem ist deshalb in den meisten Fällen anzuraten. In der Baubiologie favorisieren wir einfache Abluftanlagen oder dezentrale Lüftungsgeräte; diese sind einfach zu installieren und zu reinigen und außerdem kostengünstig.

Zentrale Lüftungsanlagen dagegen bergen viele Risiken vor allem bezüglich Hygiene und Lärmbelästigung. Um diese zu vermeiden, sollten sie nur von erfahrenen Firmen installiert werden, von unabhängigen Fachleuten geplant und abgenommen werden sowie regelmäßig gewartet werden (vorrangig Filteraustausch). Sogenannte vorgeschaltete Erdkanäle zur Vorwärmung bzw. -kühlung der Zuluft lehnen wir aus hygienischen Gründen ab, da sich in den Rohren Kondensat bilden kann.

Welche Aussagen kann das IBN zu Laminatböden in Neubau und Altbau treffen?

Laminat-Bodenbeläge bestehen meist aus einer Trägerschicht (Spanplatte, MDF-Platte oder HDF-Platte), auf die eine Deckschicht mit einer oder mehreren dünnen Lagen eines faserhaltigen Materials (in der Regel Papier) aufgebracht ist. Diese Papierlagen sind mit aminoplastischen, wärmehärtbaren Harzen imprägniert und werden durch gleichzeitige Anwendung von Hitze und Druck auf das Trägermaterial verpresst. Als aminoplastisches Harz wird bei der obersten Nutzschicht hauptsächlich Melaminharz verwendet. Je nach Laminattyp wird bei den darauf folgenden Papierschichten häufig das preisgünstigere Phenolharz eingesetzt. Melamin- und Phenolharze entstehen durch die Umsetzung von Melamin und Phenol mit Formaldehyd. Aus den mit Melamin- und Phenol-Formaldehyd-Harz gebundenen Holzwerkstoffplatten,

INTERVIEW

Winfried Schneider

ist Architekt und seit 1983 Mitarbeiter des IBN. Als Sohn von Dr. Anton Schneider, dem Gründer des IBN, war er von Anfang an in die Institutstätigkeit eingebunden. Nach seiner Schreinerlehre und dem Studium an der FH München gründete er 1990 zusammen mit seiner Ehefrau ein Architekturbüro in Rosenheim. Bearbeitet werden alle Leistungsphasen vom Entwurf bis zur Bauleitung.

Parallel zur Architektentätigkeit engagiert er sich im IBN vor allem in der Öffentlichkeitsarbeit. Lehr- und Beratungstätigkeit, Praxis (Architekturbüro) und Theorie (IBN) können so ideal voneinander profitieren. Besondere Anliegen sind ihm die Förderung eines kreativen Handwerks, das Engagement für eine naturverbundene und energiesparende Bauweise sowie eine geistig und sozial orientierte Bau- und Wohnkultur.

der Verleimung und der Oberflächenversiegelung kann Formaldehyd freigesetzt werden. Prüfkammermessungen ergaben Werte von 0,005 bis 0,03 ppm Formaldehyd. Emissionen von diversen Luftschadstoffen (flüchtig organische Verbindungen, VOC) und Formaldehyd können durch eine Fußbodenheizung erheblich gesteigert werden. Als Flächenklebstoffe für Laminat werden in der Regel isocyanatbasierte Polyurethan-Klebstoffe verwendet, über deren gesundheitliche Risiken noch wenig bekannt ist.

Bei Beschädigungen oder Verschleiß der Oberfläche lassen sich Laminate nicht wie ein Massivholzparkett abschleifen, da unter der Dekorschicht sofort das Trägermaterial freigelegt werden würde. Laminatböden werden in der Regel verbrannt, ein Recycling ist aufwändig und nur zum Teil möglich. Die Ökobilanz ist im Vergleich zu Naturmaterialien wie regional verfügbarem Vollholz, Kork oder Baumwollteppichen deutlich schlechter.

Die versiegelten Kunststoff-Oberflächen tragen nicht zum Luftfeuchteausgleich in den Räumen bei, wie es z. B. geölte oder gewachste Holzböden tun würden.

Laminatbeläge können hohe elektrostatische Oberflächenspannungen von über 2.000 V aufbauen. Ab 2.000 V kann Funkenschlag sichtbar werden. Unter Vorsorgegesichtspunkten sollte die Oberflächenspannung nicht über 500 V liegen. Alles in allem kann man Laminate nicht als baubiologisch empfehlenswert einordnen.

Mehr Informationen zum Thema Baubiologie unter:
▶ *www.baubiologie.de*

Elektrosmog und Mobilfunk – Anmerkungen zu einer kontroversen Diskussion

Unsichtbar und doch vorhanden

Auswirkungen von Elektrosmog auf den Menschen

Ständig und weiter zunehmend umgibt uns Technik und elektronisches Gerät, ohne dass wir uns darüber Gedanken machen wie etwas funktioniert. Unser Alltag ist oft so stressbeladen, dass wir gar keine Antworten suchen und einfach nur froh sind, dass bestimmte Dinge funktionieren, wie sie funktionieren oder dass sie einfach so sind wie sie sind.

Und trotzdem wird man irgendwann auf bestimmte Fragen zum Thema Elektrosmog stoßen, deren Antworten auf einmal von Interesse sein könnten. Vielleicht richten sie gerade ein Kinderzimmer neu ein und sind auf der Suche nach einem Babyphone, das keinen Elektrosmog verursacht.

Oder man erfährt von einer Freundin, dass diese keinen Schlaf findet, wenn die Nachbarin vergisst das WLAN über Nacht auszuschalten. Da wird man auf einmal hellhörig und denkt vielleicht über den eigenen WLAN-Anschluss nach. Nachts abschalten ist ja auch kein Problem. Man muss nur daran denken.

Oder in Ihrer Firma ist ein neuer, synthetischer Teppichboden verlegt worden und seitdem erhalten Sie oft kleine elektrische Schläge bei Berührung mit Metall. Das nervt im wahren Sinne des Wortes! In einem solchen elektroklimatisch verseuchten Büroraum steht das Nervensystem unter ständigem Stress. Eine Person, die in einem solchen Büro arbeitet ermüdet vielleicht sehr schnell oder hat häufig Kopfschmerzen, ist reizbar und nervös.

Ein ähnliches Problem kann man auch in seiner eigenen Wohnung haben, wenn zu viele synthetische Materialen verwendet werden. Vorhänge aus Synthetik ein Sofa mit Synthetikbezug und auch Tapeten mit hohem Synthetikanteil finden sich häufig in modernen Wohnungen.

Wir laden uns auf wie Rumpelstilzchen! Aber wo entladen wir uns? Was ist mit Kindern, die in einer solchen aufgeladenen Umgebung aufwachsen? In den Schulen gibt es immer mehr Kinder mit hyperaktiven, nervösen Symptomen.

Bei ADS (Aufmerksamkeits-Defizit-Störung) geht man von einem multifaktorellen Störbild aus. Neben psychosozialen Faktoren sind es die Umweltbedingungen, die bei diesem Krankheitsbild eine wichtige Rolle spielen. Umweltmediziner wie Dr. med. Joachim Mutter haben sich mit der Komplexität dieser Krankheit vertraut gemacht und können speziell auf das Kind zugeschnittene Therapien kombinieren. Auch der Themenkreis Elektrostress findet in der Umweltmedizin besondere Beachtung.

Jeder wird auf unterschiedliche Weise mit dem Thema Elektrosmog konfrontiert. Manche informieren sich aus Interesse oder Besorgnis im Vorfeld und treffen Maßnahmen, um sich vor Elektrosmog zu schützen. Andere müssen aufgrund negativer gesundheitlicher Erfahrungen oder sogar einer ernsten Erkrankung die Konsequenzen aus einer Elektrosmogbelastung ziehen.

Für was steht der Begriff „Elektrosmog"? Für den niederfrequenten Wellenbereich in unserem elektronisch so gut ausgestatteten Familienheim oder für den hochfrequenten Bereich von Mobilfunkhandys und deren Anlagen? Auch außerhalb unseres gemütlichen Zuhauses umgeben uns Mobilfunk-Sendetürme, Radaranlagen, Straßenbeleuchtung, Fernseh- und Rundfunk-Masten, Hochspannungsleitungen, elektrifizierte Bahnanlagen und die Bestrahlung durch Satelliten.

Der Begriff Elektrosmog steht für den „gesamten Wellensalat" – ob niederfrequent oder hochfrequent.

Nach den Aussagen von Umweltmedizinern ist die körperliche Symptomatik der Reaktionen auf Elektrosmog bei vielen untersuchten Patienten unterschiedlich. Besonders betroffen sind sogenannte elektrosensible Menschen. Wie flüchtet man in einer Hightech Welt vor den Einflüssen des „Wellensalates" wenn man zum Personenkreis elektrosensibler Menschen gehört? Manche dieser Menschen leben von ihrem sozialen Umfeld isoliert in abgeschirmen Wohnungen, um sich dort von der mit Elektroreizen überfluteten Außenwelt erholen zu können.

Auch wenn man nicht zum Personenkreis der elektrosensiblen Menschen gehört, empfehlen Umweltmediziner und Baubiologen abgeschirmte Kabel und Netzfreischalter im Schlafraum einzusetzen. Gegen Aufpreis ist dies bei einem Neubau oder bei Renovierungsmaßnahmen auch leicht umzusetzen.

Aber was ist, wenn ein 35 Meter hoher Mobilfunksendemast vor Ihr neu gebautes Eigenheim bzw. Schlafzimmer gesetzt wird? Dies ist kürzlich einem meiner Kollegen passiert. Man schaltete Sachverständige und Anwälte ein um den Mobilfunksender im Wohngebiet abzuwehren und gründete eine Bürgerinitative.

Auf dem Immobilienmarkt kann eine Wohnimmobilie um 50 % geringer bewertet werden, wenn in der Nähe ein Mobilfunksendemast errichtet wird. Bei manchen Banken soll es schwieriger sein einen Kredit zu bekommen, wenn eine Basisstation in der Nähe des Kaufobjektes steht. Das sind wirtschaftliche Faktoren, die neben gesundheitlichen Argumenten erwähnt werden müssen.

Zu den gesundheitlichen Reaktionen auf Elektrostress ist schon sehr viel geschrieben worden und man kann sich eigentlich nur wiederholen. Genannt werden in zahlreichen Publikationen folgende mögliche Reaktionen: Schlafstörungen, Konzentrationsstörungen, Nervosität, Schwächung des Immunsystems und Kreislaufprobleme.

Abschirmmaßnahmen bzw. Dämpfungsmaßnahmen von Hochfrequenzen sollten nur mit erfahrenen Messtechnikern vorgenommen werden.

In einer Fernsehsendung des NDR erfuhr man kürzlich, dass es mittlerweile über 13.000 Studien zum Thema Mobilfunk gibt. So viele Studien Pro und Kontra wurden noch nie zu einem Thema erstellt. Schon aufgrund dieser Anzahl erkennt man die Brisanz, die das Thema Mobilfunk besitzt. Vor zehn Jahren spielte die Versteigerung von UMTS-Mobilfunklizenzen 50 Milliarden Euro in den Bundeshaushalt ein. Diese Zahl alleine zeigt, dass es sich hier um einen großen Wirtschaftsfaktor mit hohen Gewinnaussichten handelt.

Mehr Informationen zum Thema Mobilfunk und Gesundheit erhalten Sie im nachfolgenden Interview mit Wolfgang Maes, einem der führenden Baubiologen Deutschlands.

Eine Bürgerinitiative, die sich erfolgreich gegen die Errichtung eines Mobilfunksenders zur Wehr gesetzt hat, finden Sie unter:
▶ *www.funkbewusstsein.de*

Was ist eigentlich Elektrosmog?

Elektrosmog gilt als Begrifflichkeit für eine Vielzahl von Erscheinungsformen elektrischer und elektromagnetischer Felder. Diese Felder finden sich sowohl im Niederfrequenz-Bereich als auch im Hochfrequenz-Bereich.

- **Hochfrequenzbereich**
  Elektromagnetische Wellen (Hochfrequenz) werden von Sendern erzeugt und können feste Körper durchdringen. Dabei sind die digital gepulsten Wellen ein Sonderfall. Sie werden „zerhackt" und mit großer Intensität gesendet. Elektromagnetische Wellen senden DECT-Haustelefone, Handynetze (UMTS gehört auch dazu), Rundfunksender und auch Mikrowellenherde.
- **Magnetische Gleichfelder**
  Eisen- und Stahlteile im Bettrahmen (auch die Federkernmatratze gehört dazu) können das natürliche Magnetfeld der Erde lokal verändern.
- **Elektrische Gleichfelder bzw. Elektrostatik**
  z. B. Synthetikteppiche und -gardinen, Laminatböden und Kunststofftapeten können eine statische Aufladung verursachen.
- **Magnetische Wechselfelder**
  Bei fließendem Strom können niederfrequente magnetische Wechselfelder entstehen. Elektrogeräte wie Radiowecker oder Stehlampen mit Trafos, aber auch Fehlströme auf Wasserleitungen und Heizungsrohren, können solche niederfrequente magnetische Wechselfelder verursachen.
- **Elektrische Wechselfelder**
  Wenn Spannung anliegt entsteht ein elektrisches Wechselfeld. Auch wenn kein Strom fließt können elektrische Wechselfelder entstehen sobald ein Kabel mit dem Stromnetz verbunden ist. Elektrische Wechselfelder finden sich auch unter Überlandleitungen, in herkömmlichen in der Wand verlegten Stromleitungen, Steckdosen, Schaltern und anderen Elektrogeräten.

Schlafstörungen durch Elektrosmog?

Ein erholsamer Schlaf ist wichtig für ein funktionierendes Gedächtnis! Das Hormon Melatonin wird in der Zirbeldrüse, der Netzhaut des Auges und im Darm gebildet und unter dem Einfluss von vollkommener Dunkelheit freigesetzt. Melatonin steuert unseren Tag- und Nacht-Rhythmus. Von der Weltgesundheitsorganisation werden Schlafstörungen als Volkskrankheit bezeichnet.

Allein in Deutschland leiden über zwölf Millionen Menschen an behandlungsbedürftigen Schlafstörungen. Das sind Zahlen, die von den Krankenkassen bekannt gegeben wurden. Schlafstörungen können eine Reaktion auf Elektrosmogbelastungen sein. Es gibt Studien die nachweisen, dass Elektrosmog die Melatonin-Produktion des Menschen negativ beeinflusst.

Eine Elektrosmogreduktion ist möglich, wenn man im Schlafbereich auf elektrische Radiowecker verzichtet. Neben dem Bett sollte kein schnurloses Haustelefon (DECT-Telefon) stehen, da es eine hochfrequente Strahlung pulst. Die Pulsfrequenz eines DECT-Telefons ist vergleichbar mit einem Stroboskop-Blitz.

Mobilfunk, WLAN, Mikrowellen

Wolfgang Maes über Möglichkeiten zur Vermeidung und Verringerung der alltäglichen Funkbelastung

Gepulste Wellen werden beim Handytelefonieren erstmals für alltägliche Zwecke eingesetzt. Bisher waren sie uns nur bekannt durch Radar und Mikrowellenherde. Befinden wir uns mit WLAN, DECT, Mobilfunk und den anderen neuen Mikrowelleneinflüssen in einem Großversuch?

Ja. Es gibt zahlreiche wissenschaftliche Hinweise auf biologische Probleme durch die gepulsten Mikrowellen des Mobilfunks und anderer Telefon- und Internettechniken. Aber was das gesundheitlich nun konkret bedeutet, speziell über längere Zeit, das weiß noch keiner so genau. Deshalb: Experimentier-Kaninchen Mensch, Tier, Baum, Wetter..., die ganze Natur.

Wir werden bald 200.000 Mobilfunkstationen in Deutschland haben. Klagen dagegen kommen auch aus den Reihen der Immobilienmakler, da Funkmasten in der Nähe eines Wohnobjektes Käufer abschrecken. Wie können wir uns in unseren Wohnungen vor Mikrowellenfunkbelastung schützen, wenn eine Basisstation in der Nähe ist?

An erster Stelle steht die Messung vor Ort, die sachverständige Diagnostik, um das eventuelle Problem genau einschätzen zu können. Eine Mobilfunkanlage in der Nähe bedeutet nicht zwangsläufig, dass es um eine kritische Strahlenbelastung gehen muss. Dann folgt – wenn nötig – die gezielte „Therapie" in Form von z. B. Abschirmungen oder anderen Maßnahmen. Es gibt viele verschiedene Abschirmprodukte – von Fensterglas über Gardinen bis zu Tapeten und Anstrichen. Im Haus gilt es, die internen Strahlungsquellen, z. B. nonstop funkende Schnurlostelefone oder Internetzugänge, zu entfernen oder zumindest zu reduzieren.

Wie kann man sich gegen WLAN-Strahlung schützen, wenn Nachbarn WLAN benutzen? Ein Fallbeispiel: Ein freistehendes Wohnhaus empfängt WLAN-Netzverbindungen aus drei verschiedenen angrenzenden Nachbarhäusern.

Aufklären. Kabelverbindungen bevorzugen. Wenn WLAN, dann eines, was nur während der Nutzung funkt, nicht pausenlos. Die geringstmögliche Leistung wählen. WLAN am Router bzw. PC bei Nichtnutzung ausschalten bzw. deaktivieren. Wenn die Belastung zu hoch sein sollte und der Nachbar uneinsichtig ist: abschirmen.

Bei WLAN geht es um gepulste Mikrowellen mit einer Pulsfrequenz von 10 Hz. Wie reagiert der Mensch auf diese Pulsfrequenz?

Mediziner mahnen, da Wireless-LAN sich einer besonders niedrigen Pulsfrequenz von 10 Hertz bedient. Die ist einigen unserer körpereigenen Abläufe sehr ähnlich, und deshalb seien gerade bei dieser Funktechnik biologische Probleme vorprogrammiert. 10 Hz, die kritischste aller bislang für die Funktechnik eingesetzten Pulsfrequenzen? Neurologen sorgen sich: „Unsere menschlichen Gehirnaktivitäten funktionieren mit ähnlich niedrigen Frequenzen, das Gehirn ist empfindlich, deshalb sollte es keine Störungen mit solchen technischen Signalen geben!" Bei den mit einem EEG messbaren Hirnstromwellen geht es um Delta- (1-3 Hz), Theta- (4-7 Hz), Alpha- (8-12 Hz) und Betawellen (13-30 Hz). Wireless-LAN liegt mit 10 Hz mitten im Alphawellenbereich, Theta und Beta sind auch nicht so weit weg.

Könnte WLAN in den Haushalten nachts abgeschaltet werden? Welche Vorteile hätte dies für die Bewohner?

Na klar. Nicht nur nachts. Immer wenn es nicht genutzt wird. Welche Vorteile? Weniger Strahlenrisiko.

INTERVIEW

Wolfgang Maes

war 17 Jahre Redakteur einer großen rheinischen Tageszeitung. Chronisch krank und schulmedizinisch wie natur-heilkundlich austherapiert, wurde er erst nach baubiologischen Sanierungen seiner damaligen Wohnung wieder gesund. Diese provozierende Erfahrung veränderte das Leben des Journalisten. Er studierte Baubiologie und Umweltmesstechniken im In- und Ausland und wurde in seiner zweiten Lebenshälfte Sachverständiger für Baubiologie.

Wolfgang Maes hat bisher über 10.000 baubiologische Haus-, Grundstücks-, Schlaf- und Arbeitsplatzuntersuchungen durchgeführt, die meisten hiervon in Zusammenarbeit, auf Anordnung und unter Kontrolle von Ärzten. Er leitet das freie Sachverständigenbüro BAUBIOLOGIE MAES in Neuss mit Partnerbüros in Aachen und Essen. Seine Mitarbeiter und Sachbearbeiter sind ausgebildete und praxiserfahrene Baubiologen, Chemiker, Biologen, Ingenieure. Dazu ist er nach wie vor journalistisch aktiv, speziell wenn es um die kritische Auseinandersetzung mit baubiologischen oder sonstigen Umweltfragen geht. Er ist Autor mehrerer Fachbücher, Broschüren und anderer Veröffentlichungen.

Sind Sie für ein WLAN-Verbot an Schulen?

Und ob. Das fordern inzwischen Lehrerverbände, Elterninitiativen, TÜV-Experten, Ärztekammern, Städte, Länder, Behörden und die Europäische Umweltagentur. Die Bundesregierung und ihr Bundesamt für Strahlenschutz, im Allgemeinen nicht zimperlich, wenn es um elektromagnetische Probleme geht, warnt vor der WLAN-Nutzung: „WLAN-Netze in Privathaushalten sollten vermieden werden."

Das LTE-System wird das UMTS-System aufgrund größerer und schnellerer Datenübertragung ablösen. Damit sind z. B. Videokonferenzen ohne Störungen übertragbar. Welche Veränderungen werden uns hier erwarten?

LTE wird UMTS und GSM nicht ablösen, es wird es ergänzen. Noch mehr Elektrosmog, noch mehr Sender.

Wie verhalten sich Massivbauweise und Holzständerbauweise zur gepulsten Mikrowellenfrequenz?

Massive Bauweise schützt vor den Funkwellen von außen viel besser als Leichtbauweise.

Gibt es Fenstersysteme die keine Mobilfunkstrahlung durchlassen?

Modernes Wärmeschutzglas, welches seit einigen Jahren standardmäßig zur Verwendung kommt, ist metallisch beschichtet und reduziert die Mikrowellen schon über 99 Prozent. Das war bei älteren Fensterscheiben nicht der Fall.

Mehr zum Thema Mobilfunk, WLAN, DECT und andere Funktechniken finden Sie in dem Buch „Stress durch Strom und Strahlung" von Wolfgang Maes und unter:
▶ *www.maes.de*

Geomantie, Vastu & Feng Shui

Spiritus loci – der Geist des Ortes

Auf der Suche nach dem Ort, wo das Glück wohnt

Die verschiedenen Philosophien, Methoden und Herangehensweisen von Geomantie, Feng Shui und Vastu verfolgen alle das gleiche Ziel: Den Menschen in Harmonie mit der Landschaft und seiner gebauten Umwelt zu bringen. Wir alle kennen das Phänomen, dass wir von Räumen oder Landschaften sofort verzaubert und fasziniert sind oder sie im umgekehrten Fall als bedrohlich und beklemmend empfinden. Das kann sich darin äußern, dass wir die Berge einer Landschaft impulsiv nicht mögen, die Atmosphäre eines Raumes nicht ertragen können oder sogar von einem Ort flüchten wollen.

In der Geomantie, im Feng Shui und Vastu werden die Eigenschaften eines Ortes und dort auftretende Phänomene auf unterschiedliche Weise mit verschiedenen Hilfsmitteln untersucht. Der Ermittlung von geobiologischen Stressfaktoren gilt dabei die größte Aufmerksamkeit. Zu diesen Stressfaktoren zählen Erdstrahlen, Wasseradern, Gitternetze, Gesteinsverwerfungen und andere Störzonen. Allgemein bekannt und weit verbreitet ist hierzulande ein Zweig der Geomantie, der sich mit dem Aufspüren von Wasserquellen zum Brunnenbau beschäftigt.

Der Begriff Geomantie oder Geomantik kommt aus dem Altgriechischen. Dem Begriff werden zwei Bedeutungen zugewiesen. Zum einen „Erde" und zum anderen „Weissagung". Geomantie ist eine alte Wissenschaft von den Kräften des Ortes. Die Geomantie wird im Allgemeinen als esoterische Lehre bezeichnet, sie vereint jedoch verschiedene Wissensgebiete wie Geometrie, Astrologie, Astronomie, Zahlenlehre, Radiästhesie, Landvermessung und Proportionlehre und bringt sie in einen philosophischen Zusammenhang.

Die moderne europäische Geomantie erhielt durch die Hippiebewegung der 1960er und 1970er Jahre neue Impulse. Eine besondere Bedeutung erlangte damals das Buch „Die Geomantie von Atlantis" des Briten John Michell, der damit zu einer Kultfigur der New-Age Bewegung wurde. Er recherchierte in diesem Werk unter anderem über den sakralen Ursprung und die spirituelle Bedeutung der alten Architekturmaße, wie Elle und Fuß.

Die gotischen Kathedralen in Europa sind alle nach diesen „alten Maßen" gebaut worden, die nach Michells Auffassung eine Verbindungen zwischen Mensch und Universum herstellen. Die gotische Epoche gilt als „spirituelle" Baukunstepoche. In der damaligen Zeit wurde keine Kirche gebaut, bevor nicht die energetischen Bedingungen an dem geplanten Ort untersucht und für positiv befunden wurden. Die Kathedrale in Chartres (Frankreich) ist nach Aussage der bekannten Geomantin und Buchautorin Blanche Merz ein besonderer Kraftort. Blanche Merz schreibt diesem Ort eine extrem starke kosmische Einstrahlung zu.

Bereits in der Romanik sind Kirchen aufgrund der geomantischen Qualitäten des Ortes an besonderen Plätzen errichtet worden. Den Baumeistern des Templerordens war das Geheimwissen von kosmischen Proportionen und Eichmaß bekannt. Im Auftrag des Templerordens wurde um 1150 die kleine Kirche St. Jakob (Frühromanik) in Niederschondorf am Ammersee auf einem Kraftort gebaut. Das geomantische Wissen galt zu jener Zeit als ein so großes Machtinstrument, dass zum Zweck seiner Geheimhaltung sogar gemordet wurde.

Im 16. Jahrhundert wurde die Rialtobrücke (Spannweite 48 m) nach den Plänen der damals recht unbekannten Baumeister Antonio da Ponte und Giovanni Alvise Boldu gebaut. Die Rialtobrücke ist in der ganzen Welt bekannt und hat aufgrund ihrer Lage über dem Canale Grande eine besondere geomantische Bedeutung für die Stadt Venedig

Die Ermittlung und Berücksichtigung geomantischer Gegebenheiten war integraler Bestandteil des Wissens und der Baukunst der alten Kulturen in verschiedensten Teilen der Welt. Bereits Ägypter und Azteken berechneten irdische und kosmische Energiefelder, um den optimalen Standort für Pyramiden und Tempel festzulegen.

Auch ganze Städte sind nach geomantischen Kriterien angelegt worden. Ein herausragendes Beispiel ist die „Sonnenstadt" Karlsruhe. Aus der Vogelperspektive kann man die einmalige, kreisförmige Stadtanlage mit dem dazugehörigen Park am besten erkennen. Ein weiteres Beispiel, das die Wirkung von Geomantie zeigt, ist Venedig. Die Lagunenstadt, die aus der Luft betrachtet die Form eines Fisches hat, bietet eine überwältigende Vielfalt an historisch-geomantischen Eindrücken. Seit Jahrhunderten zieht Venedig Menschen aus aller Welt in ihren Bann. Heute verzeichnet die Stadt jährlich über 20 Millionen Besucher.

Mehr Informationen zum Thema Geomantie unter:
▶ *www.geomantie.net*
▶ *www.neuegeomantie.de*
▶ *www.markopogacnik.com*

Vastu oder Vasati

Die vedische Baukunst und Harmonielehre des alten Indien

Nach den heiligen, religiösen hinduistischen Schriften (Veda = Wissen) und spirituellen Gesichtspunkten gestalten die Vastu-Experten Indiens seit Jahrtausenden ihre Umgebung. Das Taj Mahal als bekanntestes Bauwerk Indiens ist nach der Vastu-Baulehre entstanden. Selbst die Bauwerke des berühmten italienischen Baumeisters Andrea Palladio entsprechen der Symmetrie- und Proportionslehre des Vastu. Vastu bedeutet „Natur" oder auch „Umwelt und Umgebung". Häuser, Tempel und Städte werden in Indien nach den Vastu-Regeln errichtet.

Beim Vastu geht es, wie im chinesischen Feng Shui oder in der europäischen Geomantie, um einen ganzheitlichen Ansatz des Bauens und Wohnens. Ziel ist es, den Menschen in Einklang mit sich und seiner Umgebung zu bringen. Vastu weist einige Ähnlichkeiten mit der Geomantie und mit Feng Shui auf, hat aber seine eigenen jahrtausendealten Wurzeln.

Nach der Philosophie des Vastu bestehen direkte Beziehungen zwischen Geist und Kosmos und zwischen Raum und Bewußtsein. Um das Ziel, den Menschen mit seiner Umwelt in Einklang zu bringen, zu erreichen, werden persönliche Daten wie Geburtsort und Geburtszeit in die Berechnungen des Vastu miteinbezogen. In der Vastulehre werden die Eigenschaften der fünf Elemente Erde, Wasser, Feuer, Luft und Äther (Raum) sowie der Einfluss der Himmelsrichtungen, der Sonne, des Mondes und der Planeten berücksichtigt. Eine besondere Rolle spielt die sogenannte Tachyonenergie, eine kosmische Urenergie, aus der das ganze Universum hervorgeht. Sie existiert in einem formlosen Zustand, der auch als Nullpunkt-Energie, freie Energie oder Prana bezeichnet wird. Im Feng Shui heißt diese Energie „Chi".

In Europa ist Vastu weniger bekannt. Doch bereits 1996 wurde eine erste Akademie von Markus Schmieke (Physiker und indischer Klosterschüler) in Deutschland gegründet. Der Sitz der Akademie ist in der Nähe von Berlin. Der Fokus der Akademiearbeit ist auf die Gründung einer internationalen vedischen Universität ausgerichtet.

Die Wohnungsgenossenschaft Gartenheim in Hannover baute unter Beratung von Markus Schmieke mit dem Architekturbüro Lassen aus Langenhagen eine Wohnanlage aus drei exakt nach Norden ausgerichteten Gebäudekörpern mit 54 Mietwohnungen nach der Vastu-Baulehre.

In der Nähe von Frankfurt am Main wurde ein Haus für eine indische Familie gebaut. Die Entscheidung für einen Entwurf gestaltete sich schwierig, da die Auftraggeber nach Vastu-Prinzipien bauen wollten. Erst mit Hilfe einer Vastu-Beraterin kamen die vorher so zähen Planungen voran und das Projekt konnte erfolgreich realisiert werden.

Mehr Informationen zum Thema Vastu unter:
▶ *www. veden-akademie.de*

Wohlbefinden, Glück und Erfolg mit Feng Shui

Feng Shui, die chinesische Form der Geomantie, findet seit einigen Jahren auch in der europäischen Kultur und Architektur zunehmend Beachtung. Feng Shui bedeutet übersetzt "Wind und Wasser" und beruht auf der fernöstlichen Gleichgewichtslehre von Yin und Yang. Ziel des Feng Shui ist es, disharmonische Energiefelder zu beseitigen, um eine Verbesserung der Lebensqualität zu erreichen. Man muss nicht Konfuzius gelesen haben, um zu wissen, dass Einseitigkeit in jeder Hinsicht schadet und erst die Abwechslung unserem Leben Qualität gibt!

Die Feng Shui Lehre gründet sich auf die taoistische Philosphie des alten China. Zu Zeiten Mao Zedongs wurde diese traditionelle Lehre unterdrückt und verboten. Heute werden jedoch in China und Taiwan wieder viele Häuser nach Feng Shui Regeln geplant, gebaut und eingerichtet. Selbst die größten Bankgebäude werden in der Hoffnung auf gute Geschäftsaussichten nach Feng Shui Kriterien entworfen. Auch in Europa lassen sich immer mehr Firmen von Feng Shui Experten beraten.

Eine wichtige Rolle spielt im Feng Shui die Berücksichtigung der vier Himmelsrichtungen. Jeder Himmelsrichtung wird eine bestimmte Eigenschaft zugeordnet, die von einem Tier symbolisiert wird. Die Figuren Drache, Tiger, Schildröte und Phönix stehen für bestimmte Landschaftsqualitäten. Der Osten, dessen Symbol der Drache ist, steht zum Beispiel für die Charakteristik gezackter Berge.

Die Lehre des Feng Shui geht davon aus, dass unser Universum von "Chi"-Energie erfüllt ist. Diese Chi-Energie befindet sich in einem ständigen Fluss von Bewegung und Veränderung. Wenn sich der Mensch in seiner Umwelt wohlfühlt, wird das eigene Chi vom Chi der Umgebung begünstigt. In Häusern, die ein positives Chi haben, fühlt sich auch der Besucher sofort wohl. Es gibt aber auch Häuser, die den Bewohnern alle Energien rauben. Hier setzt die Feng Shui Lehre an, den Chi Fluss des Hauses zu verbessern, um Energien zu stärken und die Bewohner vor Krankheiten zu schützen.

Ziel aller Feng Shui Maßnahmen sind die Schaffung eines kraftvollen Hauses, die Erhaltung der Gesundheit seiner Bewohner, die Stärkung der Familienharmonie, die Förderung der Kinder und die Entfaltung einer harmonischen Partnerschaft.

Mehr Informationen zum Thema Feng Shui unter:
▶ *www. feng-shui-meisterschule.de*
▶ *www.fengshuimoogk.de*

Die Bedeutung der Haustür im Feng Shui

Die Hauptenergie des Hauses strömt durch die Eingangstür. Der Eingang ist der Bereich, der den ersten Eindruck vermittelt. Seine Ausstattung und Ausrichtung prägen die Wirkung und Ausstrahlung, die vom Besuch eines Hauses in Erinnerung bleiben. Manche Eingangsbereiche und ihre Umgebung haben eine so abweisende Energie, dass man die Wohnung gar nicht erst betreten möchte. Die Lehren des Feng Shui beruhen im Grunde auf über Tausende von Jahren gesammelten Beobachtungen und Erkenntnissen des gesunden Menschenverstands. Bei den beiden abgebildeten Haustüren ist es offensichtlich, welcher Eingang den Gast freundlicher empfängt.

Man sollte seiner Haustür, ihrem Zugang, dem Vorgarten und dem Bereich hinter dem Eingang deshalb dieselbe Aufmerksamkeit schenken wie dem Wohnraum. Der Eingangsbereich sollte hell und freundlich gestaltet sein, damit die Energie in die anschließenden Räume geleitet wird. Ein dunkler Eingangsbereich mit schummriger Atmosphäre, herumliegenden Schuhen und einem sperrigen Schrank, der in keinem anderen Zimmer mehr Platz fand, läßt die Energie bereits hinter der Tür stagnieren.

Eingangstüren die sich nach außen öffnen behindern den Energiestrom ins Haus. Deshalb ist eine nach innen öffnende Haustür zu bevorzugen. Auch durch die Ausrichtung des Türanschlags können Intensität und Richtung des Energieflusses gelenkt werden. Ein Türanschlag links bedeutet mehr Energie für die rechte Haus- oder Wohnungshälfte, ein Türanschlag rechts wird die linke Seite begünstigen.

Nach Feng Shui wird die Lebensenergie eines Hauses ausserdem von der Lage der Eingangstür nach den Himmelsrichtungen bestimmt. Eine nach Norden gerichtete Haustür ist für aktive Menschen eine positive, ausgleichende Ausrichtung. Der Norden steht für ein verborgen wirkendes Chi und die Qualitäten von Winter und Wasser. Der Nordwesten symbolisiert Strenge und Autorität und kann Personen unterstützen die mehr Kontrolle und Führungsanspruch in ihr Leben bringen wollen.

Eine Ausrichtung der Haustür nach Westen fördert nach den Lehren des Feng Shui die materielle Sicherheit und das Vergnügen. Der Südwesten steht für familiäre Harmonie. Bei einer Ausrichtung der Haustür nach Süden sollten impulsive Persönlichkeiten darauf achten, dass sie nicht hyperaktiv werden. Die Feuerenergie des Südens soll Impulsivität und Aktivität steigern. Passive Charaktere können deshalb von einer Ausrichtung nach Süden profitieren. Junge Menschen, die am Anfang ihres Berufslebens stehen, werden nach Feng Shui durch die Qualitäten des Ostens unterstützt, da dieser den jugendlichen Tatendrang begünstigt.

Wenn die Himmelsrichtung der Haustür für einen selbst nicht förderlich ist, muss man aber nicht gleich umziehen, sondern kann mit Hilfe eines Feng Shui-Beraters Ausgleichsmaßnahmen vornehmen.

Europäische Sichtweisen im Feng Shui

Ilse Renezeder über praktische Erfahrungen
und Anwendungen der asiatischen Architekturlehre

INTERVIEW

Ilse Renetzeder

gehört zu den Pionieren spiritueller westlicher Wohnkultur. Sie ist seit 1994 als anerkannte Feng Shui Meisterin, Lehrerin und Beraterin international tätig. In der von ihr 1997 gegründeten Feng Shui Meisterschule führte sie jahrelang engagierte Ausbildungen zum/r Feng Shui Berater/in in Deutschland, Österreich und in der Schweiz durch. Ihre Lehre wird inzwischen von ihren Schülern weitergetragen.

Sie sind die Gründerin der Feng Shui Meisterschule, eine der bedeutendsten Feng Shui Ausbildungsschulen in Deutschland, Österreich und der Schweiz. Wie wurde Ihr persönliches Interesse an Feng Shui geweckt?

Es war Anfang der 1980er Jahre als ich ein Einrichtungsstudio betrieb und merkte, dass es beim Bauen und Wohnen noch etwas Wesentliches geben musste, worüber ich nicht Bescheid wusste. Da kam Feng Shui in mein Leben und ich wusste sofort: Dieses Wissen war es, das mir fehlte.

Welche Richtungen oder Strömungen gibt es in der Feng Shui Lehre?

Es gibt bei uns hauptsächlich vier bekannte Richtungen: Das ursprüngliche Vastu aus Indien (bei uns als Vasati bekannt), die Kompassschule aus den Ebenen Chinas und die Formschule aus dem Hügel- und Gebirgsland Chinas und nicht zuletzt die europäische Geomantie.

Ist die asiatische Sichtweise auf die europäische Sichtweise übertragbar?

Ob Vastu oder Feng Shui, sie gründen beide auf der Beobachtung der Natur, genauso wie bei uns die Geomantie. Die Erkenntnisse daraus unterscheiden sich aber natürlicherweise je nach Kultur und geografischer Gegebenheit. Es heißt, die ältesten Weisheitslehren stammen aus Indien und Tibet. Sie haben nicht nur den gesamten asiatischen Raum beeinflusst, sondern schon sehr früh auch den europäischen. Im Übrigen hat es ein großes geomantisches Wissen in allen Tempel bauenden Hochkulturen der Welt gegeben, nicht nur in Asien. Dieses Denken ist uns also gar nicht so fremd, wie es manchem vielleicht erscheinen mag, es wurde in unserer Zeit nur vergessen. Wir müssen daher keine asiatische Denkweise übernehmen, sondern uns nur an das Wissen unserer eigenen Kultur erinnern. Ergänzend zu den asiatischen Lehren, kann uns Feng Shui heute sehr nützlich sein. An sich sind die physikalischen und die spirituellen Gesetze für alle Menschen gleich. Wir müssen nur das Verständnis dafür heute erweitern und dann individuell anwenden.

Wir leben in einer Zeit des großen Umbruchs, welche Rolle spielt Feng Shui Ihrer Meinung nach in dieser Zeit?

In einer Zeit des Wertewandels müssen wir uns zwangsläufig näher mit den ethischen, spirituellen Aspekten unseres Lebens beschäftigen. Es gilt allgemein, dogmatische Sichtweisen und Praktiken in Frage zu stellen, die uns allesamt dahin gebracht haben, wo wir heute sind. Der Mensch ist jetzt „mündig" geworden. Er muss lernen Eigenverantwortung zu übernehmen und selbst zu entscheiden. Dazu braucht er einerseits Informationen und andererseits die Orientierung nach seinem Herzen.

Keinesfalls sollten die alten Lehren falsch verstanden und damit neue Dogmen gesetzt werden. So verstehe ich das alte Wissen und habe daraus das Spiritual Feng Shui entwickelt. Dieses dient vor allem dazu, unser räumliches Umfeld als Selbstspiegelung zu erkennen und wertfrei anzunehmen. In der Folge kann es uns die Analogie zu unserem Leben bewusst machen, so dass wir das Wohnen nutzen können, um bewusster, harmonischer und eigenverantwortlicher zu leben.

Welche Fragen haben die Menschen, die sich an Sie wenden?

Die meisten Menschen möchten wissen was sie beim Hausbau unbedingt berücksichtigen sollten und wie der Grundriss speziell für sie passend wäre. Oder, wenn sie schon darin wohnen, was ihnen ihr Haus, ihre Wohnung oder ihr Arbeitsraum über sich zu sagen haben und wie sie ihre Räume umgestalten könnten, damit ihr Leben freudvoller und das Arbeiten erfolgreicher verläuft.

Wie beeinflusst Feng Shui gesundes Wohnen und eine homogene Gemeinschaft?

Ich habe so manches Ökodorf gesehen wo alle Häuser mit möglichst gesunden Baustoffen gebaut und mit alternativen Energiesystemen versehen wurden. Die Menschen, die dort eingezogen sind freuten sich auf ein gesundes Wohnen und ein freundschaftliches Miteinander. Und doch, schon nach kurzer Zeit herrschte allgemein eine ziemlich aggressive Stimmung. Wie konnte das sein? Die Häuser wiesen schräge, unregelmäßige Grundrisse auf, standen kreuz und quer viel zu eng beieinander und viele scharfe Kanten und spitze Winkel zeigten aufeinander. Die Dächer waren zu steil und die Kniestöcke im Obergeschoß viel zu niedrig. Das waren in Wirklichkeit keine Wohlfühlhäuser.

Das klingt sehr dramatisch. Gibt es denn bestimmte Regeln oder Richtlinien, welche grundsätzlich beim Planen und Bauen berücksichtigt werden sollten?

Ja. Zum Beispiel sollten asymmetrische Formen vermieden werden und der Grundriss sollte keine Fehlbereiche aufweisen. Häufig anzutreffende moderne Tücken sind auch Wendeltreppen, offene und zu steile Treppen und Fenster, die bis zum Boden reichen. Das kostet nicht nur unnötig viel Energie, sondern zwingt dazu, ständig nach unten zu schauen und die Betroffenen entwickeln eine depressive Haltung. Unsere Aufmerksamkeit ist Energie. Sie fließt an Grenzen entlang. Überall wo ein „Loch" ist, entsteht eine Art Sog. Dem können wir uns nicht entziehen. Schwere Balken und Träger stellen Hindernisse dar und blockieren den Energiefluss, tiefe Dachschrägen in Dachgeschoßwohnungen zwingen die Bewohner in die Knie, in fensterlosen Räumen staut sich die Energie und scharfe Kanten verletzen – um nur einige „Bausünden" zu nennen. „Es kann der Frömmste nicht in Frieden leben, wenn es dem bösen Nachbarn nicht gefällt", heißt ein bekanntes Sprichwort. So manche Siedlungen und deren Häuser drücken genau das aus und geben schon den dafür geeigneten Rahmen vor. Da wird jeder zum „bösen" Nachbarn, auch wenn er das gar nicht will.

Das scheint sehr logisch. Doch wird Feng Shui nicht eher mit asiatischer Mystik in Zusammenhang gebracht?

Für das westliche Verständnis mag es vielleicht noch befremdend oder mystisch klingen, zu hören, dass eine energetische Wechselbeziehung zwischen dem Menschen und seinem räumlichen Umfeld besteht. Diese Beziehung ist nicht direkt sichtbar, aber erfahrbar, denn sie beeinflusst sein Leben und Wirken. Je nach Beschaffenheit unterstützen die räumlichen Gegebenheiten den Menschen in seinen Bestrebungen, geben ihm Geborgenheit, tragen zu seinem Wohlbefinden und zu seiner Gesundheit bei oder verhindern dies oder jenes.

Wenn zum Beispiel der Vorraum gänzlich fehlt und ein Besucher gleich mitten um Wohnzimmer steht, wird dieser Bewohner ein Thema mit der Abgrenzung im Leben haben. Ein zu kleiner, winkeliger Vorraum grenzt ihn dagegen zu stark ein.

Doch sollte man bedenken, dass man nicht zufällig irgendwie und irgendwo wohnt, sondern da, wozu man aufgrund seiner Veranlagung und Lebensumstände Resonanz hat. Das Resonanzgesetz ist ein natürliches Lebensgesetz, das uns zur Bewusstwerdung dient. Unser räumliches Umfeld hat deshalb eine so außergewöhnliche Spiegelfunktion, weil wir uns heute zu 90 % unserer Zeit in Räumen aufhalten. Spiritual Feng Shui nutzt diese Tatsache und kann mittels einer gegenständlichen Analyse unmissverständlich auf bestimmte Themen im Leben aufmerksam machen und die bevorzugte Sichtweise dazu aufzeigen. Oft genügt allein die Bewusstwerdung derselben, um Probleme aufzulösen. Dabei kann beobachtet werden, dass gemäß der Individualität des Menschen bestimmte Umstände unterschiedliche Wirkungen zeigen. Das sollte unbedingt berücksichtig werden.

Welche Rolle spielt Feng Shui im Business?

Im Geschäftsleben gilt dasselbe Prinzip. So wie zum Beispiel für eine Firma eine Marktanalyse für deren Produktion und Marketing heute unverzichtbar ist, kann eine Feng Shui Analyse im Haus ebenso sehr aufschlussreich sein. Was nützt die beste Marktanalyse, wenn die Mitarbeiter nicht voll motiviert sind, die Luft dünn ist, die Krankenstände sich häufen oder Mobbing die Szene beherrscht?

Mehr Informationen zum Thema Feng Shui finden Sie auf der Website von Ilse Renetzeder:
▶ *www.spiritualfengshui.eu*
▶ *www.feng-shui-meisterschule.de*

Ein Buch zu schreiben und zu gestalten ist wie ein Haus zu bauen. Man erhält neue wichtige Informationen von Experten, führt viele Gespräche, bringt die eigenen Erfahrungen mit ein und muss dann Entscheidungen treffen. Man befindet sich auf dem Weg. Ich möchte allen, die mit mir diesen Weg gegangen sind ein herzliches Dankeschön sagen!

Beate Rühl

Ident-Nr. 106102

Impressum

Fotos
Siehe Angaben bei den einzelnen Projekten
Seite 88: Archiv Fachschriften Verlag GmbH & Co. KG, Fellbach
Seite 119: Britta Blottner

Titelbild
Foto: Studio Christoph, Telefon 0 60 02-9 38 14 82
Lichtdesign: Norbert Mohr – www.nomohr-light.de

Lektorat Eberhard Blottner

Gestaltung & Satz Markus Rühl – www.lead-network.de

Druck fgb – freiburger graphische betriebe, Freiburg/Br.

Bibliographische Informationen der Deutschen Bibliothek

Die Deutsche Bibliothek verzeichnet diese Publikation in der Deutschen Nationalbibliographie; detaillierte bibliographische Daten zu diesem Werk sind im Internet unter http://dnb.ddb.de abrufbar. Das Werk, einschließlich aller seiner Teile, ist urheberrechtlich geschützt. Die Verwertung der Texte und Bilder ist – auch auszugsweise – ohne Zustimmung des Verlages unzulässig und strafbar. Das gilt auch für Vervielfältigungen, Übersetzungen, Mikroverfilmung sowie für die Einspeicherung und Verarbeitung in elektronischen Systemen (einschließlich Internet). Alle in diesem Buch enthaltenen Ratschläge und Informationen (z.B. Produktbeschreibungen, Preis- und Mengenangaben, Berechnungen usw.) sind sorgfältig geprüft. Eine Garantie hierfür kann jedoch nicht übernommen werden. Ausgeschlossen ist auch jegliche Haftung des Verlages bzw. einzelner Autoren und Bearbeiter für Personen-, Sach- und Vermögensschäden, die auf die Nutzung von Inhalten aus dem vorliegenden Werk bezogen werden. Auf die in diesem Buch empfohlenen websites Dritter und deren Inhalte haben wir keinen Einfluss. Deshalb können wir für diese fremden Inhalte auch keine Gewähr oder Haftung übernehmen. Für die Inhalte der verlinkten Seiten ist stets der jeweilige Anbieter oder Betreiber der Seiten verantwortlich.

© 2010, Blottner Verlag GmbH,
D-65232 Taunusstein
E-Mail: blottner@blottner.de / URL: www.blottner.de
ISBN 978-3-89367-120-5 / Printed in Germany

Wir engagieren uns für den Klimaschutz

In den letzten Jahren ist der Klimawandel mit seinen weitreichenden Folgen für uns und vor allem unsere nachfolgenden Generationen immer mehr zum Thema geworden. Die Auswirkungen sind bereits jetzt spürbar – Wetterextreme, sich verschiebende Jahreszeiten, Erderwärmung. Auch wenn diese Entwicklungen nicht mehr völlig aufzuhalten sind, müssen wir – auch als Verlag – aktiv werden.

Die freiburger graphischen betriebe, die Druckerei, in der dieses Buch produziert wurde, beteiligen sich an der Klimainitiative der Druck- und Medienverbände Deutschland und bieten die Möglichkeit, Buchproduktionen klimaneutral herstellen zu lassen. »Klimaneutral« bedeutet den Ausgleich von Treibhausgasen bzw. die Neutralisation durch die Einsparung einer bestimmten CO_2-Menge an anderer Stelle. Da die Wirkungen des Treibhauseffektes global schädigen, ist es irrelevant, an welchem Ort der Welt Emissionen entstehen und wo sie dann letztendlich eingespart werden. Der gesamte Prozess des Ausgleiches von Treibhausgasen basiert auf dem Kyoto-Protokoll von 1997. Wir haben nun die Möglichkeit, für jedes Druckprodukt den genauen Wert des CO_2-Ausstoßes, der auf den Produktionsprozess in der Druckerei und deren Materialeinsatz zurückzuführen ist, zu ermitteln. Mit Hilfe eines vom Bundesverband der deutschen Druckindustrie entwickelten Rechners, mit dem viele Faktoren erfasst werden – Energieverbrauch, Farbe, Papier, Transportwege oder Einsatz von Personal – wird am Ende der Buchproduktion ein Wert ermittelt, der die relevante Wertschöpfungskette für die technische Herstellung des Buches umfasst und den durch die Produktion verursachten CO_2-Ausstoß nachweist.

Für diesen Wert bezahlen wir als Verlag einen Ausgleich, der dann in anerkannte und zertifizierte Klimaschutzprojekte fließt. Die Zertifizierung erfolgt durch die Organisation firstclimate (www.firstclimate.com) und wird durch das Logo »Print CO_2« angezeigt.

Die aus dem Druck dieses Buches resultierende Klimaabgabe fließt in ein Windenergieprojekt in der Marmara-Region.

Mehr Informationen zum ökologischen Bauen

Ökohäuser für Energiesparer
Innovativ geplant und mit Holz gebaut. Ideen und Beispiele

Von Gerd Walther
128 Seiten, 246 farb. Abb., 54 Grundrisse. Format 21,5 x 27 cm.
Fester Einband.
ISBN 978-3-89367-649-1

Dieses Buch zeigt umweltfreundliche Entwürfe von verschiedenen beispielhaften Ökohäusern in moderner und traditioneller Architektur. Es bietet Informationen rund um das Thema ökologisches Bauen mit Schwerpunkt auf Holzbau. Mit vielen Gesamt- und Detailansichten, die zum innovativen und zukunftsfähigen Bauen und Wohnen inspirieren. So erzielt man ein behagliches Wohnen und vermeidet die Abhängigkeit von ständig steigenden Energiekosten.

Ratgeber energiesparendes Bauen
Neutrale Fachinformationen für mehr Energieeffizienz

Von Thomas Königstein
208 Seiten, zahlr. Checklisten.
Format 17 x 24 cm. Kartoniert.
ISBN 978-3-89367-117-5

Der Autor zeigt anschaulich und verständlich, dass energiesparendes Bauen nicht Einschränkung und Verzicht, sondern Komfort und Nutzen bedeutet. Dieses Buch bietet eine Einführung über moderne Bau- und Dämmstoffe. Es zeigt, wie viel gedämmt werden sollte und wie dicht ein Haus heute sein muss. Über die wichtigen Bauelemente vom Fenster über die Lüftung bis zur Heizung und Nutzung von Kollektoren wird berichtet. Unabhängige Fachinformationen!

Blottner Verlag • www.blottner.de

Nach dem Vorbild der Natur bauen wir Häuser ausschließlich mit schadstoffgeprüften Materialien. Wie etwa unsere atmungsaktive Voll-Werte-Wand, die für ein ausgeglichenes Raumklima sorgt: im Sommer angenehm kühl, im Winter wohlig warm. Das Ganze bei einem extrem niedrigen Energieverbrauch und der Chance auf attraktive KfW-Fördermittel.

Lassen Sie sich von unserer ökologischen Bauweise überzeugen. Und von unserer Stilwelten-Kollektion inspirieren unter Telefon 08336-9000, www.baufritz-gb.de

Ausgezeichnet mit dem Deutschen Nachhaltigkeitspreis 2009

Bücher für besseres und schöneres Wohnen

 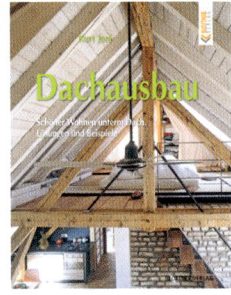 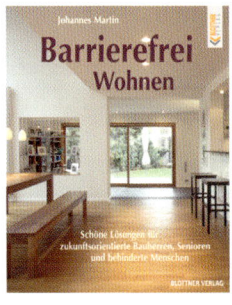  

Kamine und Kachelöfen
Energiesparende Ausführungen

Von Kurt Jeni
128 Seiten, über 300 farb. Abb. Format 21,5 x 27 cm.
Fester Einband.
ISBN 978-3-89367-652-1

Dieses Buch informiert ausführlich über das technische Basiswissen und fachliche Grundlagen und dient als Nachschlagewerk während der Planungs- und Bauphase. Das Ofen-Design kommt dennoch nicht zu kurz. Über 100 aktuelle Beispiele aus allen Stilbereichen und Ofenarten mit Beschreibungen, Preis- u. Herstellerangaben helfen, den geeigneten Ofen zu finden.

Dachausbau
Schöner Wohnen unterm Dach. Lösungen und Beispiele

Von Kurt Jeni
128 Seiten, 347 farb. Abb., 25 Grundrisse. Format 21,5 x 27 cm.
Fester Einband.
ISBN 978-3-89367-650-7

Das Buch zeigt in vielen gelungenen Ausbau-Beispielen die schöne Wohnwelt unterm Dach, um zu eigenen Überlegungen anzuregen, eigene Wünsche zu klären und zu präzisieren. Planungs- und bautechnische Fragen werden geklärt: Grundrissplanung, Innenausbau, Dämmung, Installation und Einrichtungsideen. Das Standardwerk in der 4. Neuausgabe!

Barrierefrei Wohnen
Lösungen für zukunftsorientierte Bauherren, Senioren und behinderte Menschen

Von Johannes Martin
128 Seiten, 153 farb. Abb., 36 Grundrisse. Format 21,5 x 27 cm.
Fester Einband.
ISBN 978-3-89367-114-4

Barrierefrei Wohnen bedeutet nicht unattraktive, krankenhausähnliche Räume. Die Entwürfe, die ein selbständiges und schönes Wohnen ermöglichen, werden immer individueller. Die hier vorgestellten Beispiele sind von Qualität und Stil nicht nur für Menschen mit körperlichen Beeinträchtigungen geeignet, sie bieten auch für vorausschauende Bauherren Informationen.

Feuchtigkeitsschäden im Haus
Ursachen erkennen, Schäden beseitigen

Von Herbert K. Kalcher
Reihe "Bau-Rat:",
120 Seiten, 147 farb. Abb., Format 17 x 24 cm. Kartoniert.
ISBN 978-3-89367-098-7

Viele Häuser sind von Feuchtigkeitsschäden befallen. Dieses Buch zeigt dem Bauherrn bzw. Hausbesitzer, wie man die verschiedenen Arten von Feuchtigkeitsschäden erkennen und in ihrem Ausmaß besser einschätzen kann. Es zeigt an realen Beispielen sowohl die zu ergreifenden Maßnahmen als auch die Gefahren bei deren Unterlassung auf.

Raumklima & Lüftung der Wohnung
Wege zum Wohlfühlen Voraussetzungen

Von Horst Fischer-Uhlig
Reihe "Bau-Rat:",
120 Seiten, 127 farb. Abb., Format 17 x 24 cm. Kartoniert.
ISBN 978-3-89367-084-0

Ca. 80% unseres Lebens verbringen wir in Innenräumen. Ob wir uns dort wohlfühlen, hängt vor allem vom Raumklima ab. Wie schafft und bewahrt man ein gesundes Raumklima? Wie vermeidet man gesundheitlich bedenkliche Störungen und lüftet richtig. Diese und viele weitere Tipps und Informationen rund um das Thema befinden sich in diesem Buch.

Blottner Verlag • 65232 Taunusstein • www.blottner.de